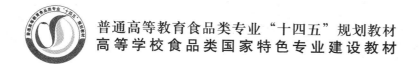

普通高等教育食品类专业"十四五"规划教材

高等学校食品类国家特色专业建设教材

# 发酵工程实验

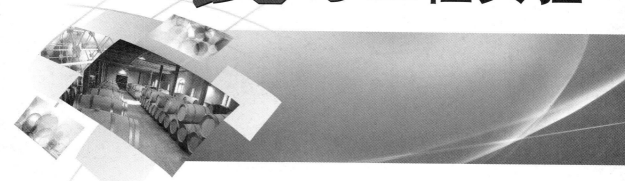

赖　颖　王红星◎主编

U0340611

郑州大学出版社

**图书在版编目（CIP）数据**

发酵工程实验 / 赖颖，王红星主编 . — 郑州：郑州大学出版社，2021. 10
ISBN 978-7-5645-7973-9

Ⅰ . ①发…　Ⅱ . ①赖…②王…　Ⅲ . ①发酵工程 – 实验 – 高等学校 – 教材　Ⅳ . ①TQ92-33

中国版本图书馆 CIP 数据核字（2021）第 124695 号

发酵工程实验

FAJIAO GONGCHENG SHIYAN

| | | | |
|---|---|---|---|
| 策划编辑 | 袁翠红 | 封面设计 | 张　庆 |
| 责任编辑 | 杨飞飞 | 版式设计 | 凌　青 |
| 责任校对 | 崔　勇 | 责任监制 | 凌　青　李瑞卿 |

| | | | |
|---|---|---|---|
| 出版发行 | 郑州大学出版社有限公司 | 地　　址 | 郑州市大学路 40 号（450052） |
| 出版人 | 孙保营 | 网　　址 | http://www.zzup.cn |
| 经　销 | 全国新华书店 | 发行电话 | 0371-66966070 |
| 印　刷 | 河南大美印刷有限公司 | | |
| 开　本 | 787 mm×1 092 mm　1 / 16 | | |
| 印　张 | 9 | 字　　数 | 215 千字 |
| 版　次 | 2021 年 10 月第 1 版 | 印　　次 | 2021 年 10 月第 1 次印刷 |

| | | | |
|---|---|---|---|
| 书　号 | ISBN 978-7-5645-7973-9 | 定　　价 | 29.00 元 |

本书如有印装质量问题,请与本社联系调换。

# 前 言

　　发酵工程实验是生物工程专业重要的必修课之一。随着生物工程相关产业的发展,发酵工程处于越来越重要的地位。作为一门实验学科,生物技术领域所取得的每一个进步,都与实验技术的发展密切相关,细胞工程、酶工程、基因工程最终都离不开菌种的发酵与产品的分离提取纯化。发酵工程实验既是生物工程的重要支撑课程之一,也是连接生物技术产业化的关键课程。

　　通过发酵工程实验的学习,能够使学生掌握一定的发酵工程方面的实验基本原理、方法与技能,加深学生对理论知识的理解,并培养学生理论与实践相结合的能力,提高学生解决实际问题的能力;使学生掌握发酵工艺操作的具体过程,了解发酵行业的具体产品生产工艺,并能够对发酵生产和发酵过程进行分析,使学生进一步系统地了解发酵工程从培养基配制到发酵生产的操作过程;使学生了解发酵罐(生物反应器)的基本结构,熟悉产品检测的方法、发酵条件的优化和特定菌种分离和选育的过程。

　　在授课过程中,融入思想政治教育内容,培养学生的科学精神、爱国情怀。在发酵工程理论的指导下,培养学生协同合作和独立思考的能力,树立解决实际问题的思想,掌握简单的产品发酵流程设计,同时也为后续专业课程的学习和应用奠定基础。通过实验任务设计,引导学生结合已掌握的书本知识,收集、整理相关资料,自主设计、积极创新,培养学生获取新知识的能力、创新意识以及独立学习的习惯。

　　该教材由周口师范学院资助出版,在此特别感谢周口师范学院对本教材的支持。

编　者

2021 年 4 月

# 内容简介

　　本书以发酵工程的知识和理论为基础，汇编了研究和生产中涉及的实验技术，具有内容广泛、选材结合实际、方法先进的特点。本书主要包括四个方面的内容：第一章，菌种的选育；第二章，发酵工艺的优化；第三章，发酵过程的放大及其下游技术；第四章，功能性发酵产品的生产。

　　本书可供生物工程、生物技术、生物制药、食品质量与安全等专业的本专科院校学生作为教材使用，也可供从事发酵酿造和食品加工等科研人员和企业技术人员参考查阅。

# 目录

# 第一章 菌种的选育

## 实验一 菌种的初筛和复筛

### 一、实验目的

1. 掌握培养基配制的方法,使学生具备试剂配制和培养基配制的实验操作能力。
2. 掌握涂布平板法实验技术,使学生具备菌种分离纯化的基本实验技能。
3. 通过介绍我国发酵生产工艺从过去到现在的变化,提高学生的民族自豪感和爱国热情。

### 二、实验原理

工业微生物产生菌的筛选一般包括两大部分:一是从自然界分离所需要的菌株,二是把分离到的野生型菌株进一步纯化并进行代谢产物鉴别。在实验工作中,为使筛选达到事半功倍的效果,总的说来可从以下几个途径进行收集和筛选:①向菌种保藏机构索取有关的菌株,从中筛选所需菌株;②由自然界采集样品,如土壤、水、动植物体等,从中进行分离筛选;③从一些发酵制品中分离目的菌株。

经典的发酵产物来自微生物,土壤是微生物的大本营。生产菌株的选育源头都来自于自然界。如何从自然界中筛选目的微生物,可以根据目的微生物和产物的特性作为筛选条件,进行筛选,提高筛选效率,从而有效地解决菌株从无到有的问题。土壤由于具备了微生物所需的营养、空气和水分,是微生物最集中的地方。从土壤中几乎可以分离到任何所需的菌株,空气、水中的微生物也都来源于土壤,所以土壤样品往往是首选的采集目标。一般情况下,土壤中含细菌数量最多,且每克土壤的含菌量大体有如下的递减规律:细菌($10^8$)>放线菌($10^7$)>霉菌($10^6$)>酵母菌($10^5$)>藻类($10^4$)>原生动物($10^3$),其中放线菌和霉菌指其孢子数。

通常可以将土壤稀释液涂在不同类型的培养基上,在适宜的环境中培养几天,细菌或者是其他的微生物便能在平板上生长繁殖,形成菌落。将初次筛选得到的微生物接种到筛选培养基上培养,能够利用培养基中的特定成分来完成自身的生命活动,才能够生存。

自然界含菌样品极其丰富,土壤、水、空气、枯枝烂叶、植物病株、烂水果等都含有众多微生物,数量十分可观。但总体来讲,土壤样品的含菌量最多。初筛以量为主,复筛是以质为主。初筛是对所得的纯种进行检测。由于淀粉酶是胞外酶,在分离培养基中加适量可溶淀粉通过平板透明圈法来检测淀粉酶产生菌。筛选透明圈比值大的菌株接种到培养基中进行培养,再进行复筛。复筛的目的是淘汰低产菌。

### 三、实验试剂、材料和仪器

1. 培养基的配制

(1)淀粉酶产生菌筛选培养基:可溶性淀粉 2 g,NaCl 5 g,牛肉膏 5 g,蛋白胨 10 g,琼脂 20 g,水 1 000 mL,121 ℃,灭菌 20 min。

(2)0.2% 可溶性淀粉溶液配制:用少量的蒸馏水(20 mL)将 2 g 的淀粉溶解,加入已煮沸的 1 000 mL 蒸馏水中。将其放在电炉上加热 1 min。冷却即可,颜色为透明无色。

(3)蛋白酶产生菌筛选培养基(奶粉培养基):牛肉膏 0.5 g,蛋白胨 1 g,NaCl 0.5 g,琼脂 2.0 g,脱脂奶粉 3 g,水 100 mL,pH 7.0~7.2。

(4)脂肪酶产生菌筛选培养基:$NaNO_3$ 2.0 g,$K_2HPO_4$ 1.0 g,$MgSO_4 \cdot 7H_2O$ 0.5 g,$FeSO_4 \cdot 7H_2O$ 0.01 g,葡萄糖 30 g,蛋白胨 20 g,琼脂 20 g,水 1 000 mL,自然 pH 值。在固体培养基中加入 0.03 g/mL 的橄榄油,灭菌后冷却至 50 ℃,加入 0.01 g/L 灭菌的罗丹明 B 指示剂溶液,制成平板。

(5)种子培养基:在固体培养基中不加琼脂。

(6)发酵液培养基:葡萄糖 20 g、橄榄油 30 g、$K_2HPO_4$ 1 g、NaCl 0.5 g、$MgSO_4 \cdot 7H_2O$ 0.5 g、$FeSO_4 \cdot 7H_2O$ 0.5 g,水 1 000 mL,自然 pH 值。

(7)抗生素产生菌筛选培养基(高氏一号改良培养基):可溶性淀粉 20 g,$KNO_3$ 1 g,NaCl 0.5 g,$K_2HPO_4 \cdot 3H_2O$ 0.5 g,$MgSO_4 \cdot 7H_2O$ 0.5 g,$FeSO_4 \cdot 7H_2O$ 0.01 g,琼脂 20 g,水 1 000 mL,0.05% 重铬酸钾,pH 7.2~7.4。配制时,先用冷水,将淀粉调成糊状,倒入煮沸的水中,在火上加热,边搅拌边加入其他成分,溶化后,补足水分至 1 000 mL,112 ℃ 灭菌 20 min。

(8)高氏一号改良培养基(在原来配制的高氏一号琼脂培养基灭菌后,再分别加入青霉素终浓度为 $10^{-5}$、$10^{-4}$、$10^{-3}$ 的药剂)。

(9)聚 γ-谷氨酸产生菌筛选培养基分离培养基:柠檬酸钠 16 g,谷氨酸钠 20 g,氯化铵 7 g,酵母膏 5 g,$K_2HPO_4$ 0.5 g,$MgSO_4 \cdot 7H_2O$ 0.5 g,$MnSO_4 \cdot H_2O$ 0.1 g,$CaCl_2 \cdot 2H_2O$ 0.15 g,$FeCl_3 \cdot 6H_2O$ 0.04 g,琼脂 18 g,水 1 000 mL,pH 7.0。

(10)斜面培养基:蛋白胨 10 g,酵母膏 5 g,氯化钠 10 g,琼脂 20 g,水 1 000 mL,pH 7.0~7.2。

(11)富集培养基:柠檬酸钠 16 g,谷氨酸钠 20 g,氯化铵 7 g,酵母膏 5 g,$K_2HPO_4$ 0.5 g,$MgSO_4 \cdot 7H_2O$ 0.5 g,$MnSO_4 \cdot H_2O$ 0.1 g,$CaCl_2 \cdot 2H_2O$ 0.15 g,$FeCl_3 \cdot 6H_2O$ 0.04 g,水 1 000 mL,pH 7.0。

(12)摇瓶发酵培养基:柠檬酸钠 16 g,谷氨酸钠 20 g,氯化铵 7 g,豆粕粉 30 g,$K_2HPO_4$ 0.5 g,$MgSO_4 \cdot 7H_2O$ 0.5 g,$MnSO_4 \cdot H_2O$ 0.1 g,$CaCl_2 \cdot 2H_2O$ 0.15 g,$FeCl_3 \cdot 6H_2O$ 0.04 g,水 1 000 mL,pH 7.0。

2. 试剂的配制

(1)卢氏碘液的配制:称取 KI 2.0 g,用 50 mL 去离子水溶解 KI,迅速称量 $I_2$ 0.5 g 并加入 KI 溶液中,用纯水定容到 100 mL,搅拌溶解后保存在棕色瓶中,橡皮塞封口。

(2)pH=11 硼砂–NaOH 缓冲液:硼砂 19.08 g 溶于 1 000 mL 水中;NaOH 4 g 溶于 1 000 mL 水中,二液等量混合。

（3）2%酪蛋白：称取 2 g 干酪素，用少量 0.5 mol/L NaOH 润湿后适量加入 pH = 11 的硼砂-NaOH 缓冲液，加热溶解，定容至 100 mL，4 ℃冰箱中保存，使用期不超过一周。

3. 材料

线绳，报纸，吸管，三角瓶，平皿，烧杯，试管，量筒，酒精灯，火柴，记号笔，标签，吸耳球，接种环，铁架台，涂布器，封口膜，皮筋，玻璃球，试管架，喷壶，试剂瓶，滤纸，擦镜纸，量筒。

4. 仪器

培养箱，摇床，干燥箱，灭菌锅，超净工作台，冰箱，搅拌器，显微镜。

## 四、实验内容

### （一）淀粉酶产生菌的初筛和复筛

（1）选定采土点后，铲去表土层 2～3 cm，取 3～10 cm 深层土壤 10 g，装进灭菌的牛皮纸袋内，封好袋口，并记录取样地点、环境及日期。土样采集后应及时分离，凡不能立即分离的样品，应保存在低温、干燥条件下。

（2）倒平板：点燃酒精灯，拿出 6 个培养皿平放于工作台上，用记号笔进行编号。将已消毒的溶解的培养基降温后，以无菌操作倒入有盖的培养皿，倒入 2/3 平皿。

（3）稀释涂布：以小组为单位进行稀释分离。每小组取土样 1 g，放入盛有 100 mL 蒸馏水并带有玻璃珠的锥形瓶中，摇振 20 min，使土样与水充分混合，使细胞分散。吸取 1 mL 于装有 9 mL 无菌水的试管中，逐步稀释至 $10^{-5}$、$10^{-6}$，进行涂布（用涂布器，每个梯度涂 2 个培养皿）。

（4）培养：30 ℃恒温培养 48 h 观察，进行复筛。

（5）产淀粉酶菌株的鉴定：挑选单菌落影印到无菌平板上，同时用签字笔对各单菌落在平板的底部标号。标记接种过的培养皿 30 ℃培养 24 h，取其中一个平板喷洒稀碘液，记录有水解圈的单菌落。与此对应找出合成淀粉酶的菌株。

（6）初筛结果分析：拿出培养好的平皿，喷洒卢氏碘液覆盖整个平皿，记录有水解圈的单菌落。数菌落的方法：菌落在平板上生长均匀而且数量较大的话，可以将平板平均分成四部分，计数其中一份面积内的菌落数×4，便可估算整个平板上的菌落总数。透明圈直径（mm），记录三个比透明圈较大的菌落并照相保存。用直尺画出十字，测量菌落和透明圈直径，并计算比透明圈的大小。

（7）接种：点燃酒精灯，挑取产酶能力较好的菌落一环，接种于液体复筛培养基中。

（8）复筛：30 ℃恒温培养 48 h，摇床培养，140 r/min 进行复筛。培养好后，分离淀粉酶测定酶活。

### （二）蛋白酶产生菌的初筛和复筛

（1）采集土壤样品，用无菌水做成 1∶10 或者 1∶100 的土壤悬液。

（2）取 1∶10 土壤悬液 5 mL，注入已灭过菌的试管中，将此试管放入 75～80 ℃水浴中热处理 10 min 以杀死非芽孢细菌。

（3）取加热处理过的土壤悬液 100～200 μL，涂布接种到牛肉膏蛋白胨培养平板，后将平板倒置，于 30～32 ℃下培养 24～48 h。

（4）对长出的单菌落进行编号，选择表面干燥、粗糙、不透明的菌落，挑取少许菌苔涂片,做芽孢染色,判断是否为芽孢杆菌。

(5)培养:将分离到的菌株分别接种到含脱脂奶粉的培养基上,置于32 ℃培养60 h,于室温下观察是否产生细胞外蛋白酶,分解培养基中的脱脂牛奶,进而产生肉眼可见的水解透明圈,如图1–1所示。

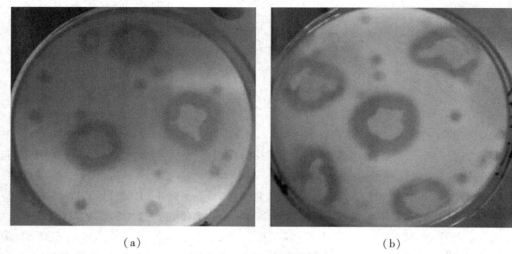

（a）　　　　　　　　　　　　　　　　（b）

图1–1　水解透明圈示意图

(6)复筛:选择水解圈直径与菌落直径比值大的菌株,接入牛肉膏蛋白胨培养基,30~32 ℃振荡培养48 h,将发酵液过滤或离心,取上清液检测蛋白酶活力进行复筛,从中筛选出水解圈与菌落直径比值较大的菌株。

**(三)脂肪酶产生菌的初筛和复筛**

(1)采样:采自屠宰场含油脂较丰富的土壤,共15份。

(2)初筛:采用稀释平板分离法进行初筛。取1 g土样装于有玻璃珠的49 mL无菌水三角瓶中,以160 r/min的转速振摇30 min,用滤纸过滤到无菌空三角瓶中,制得悬液。然后依次梯度稀释至$10^{-4}$,在无菌条件下,取0.5 mL稀释液涂布于固体培养基平板上,倒置于29 ℃培养箱中培养48 h。

在固体培养基中加入0.03 g/mL的橄榄油,灭菌后冷却至50 ℃,加入0.01 g/L灭菌的罗丹明B指示剂溶液,制成平板。用牙签将平板培养长出的单菌落分别转移至平板上,于29 ℃条件下培养72 h,依据产生变色圈的先后和变色圈直径与菌落直径比值的大小分离筛选出脂肪酶活性高且产酶周期短的菌株,将这些单菌落接种于斜面培养基中培养,用于复筛。

(3)复筛:挑取斜面孢子接种到种子培养基中,于29 ℃、160 r/min摇床培养48 h,再将种子液按2%接种量接种到发酵培养基中(250 mL三角瓶中发酵液装液量为50 mL),经29 ℃、160 r/min培养72 h,离心,测上清液的酶活,根据酶活力大小确定出高产菌株。

**(四)抗生素产生菌的初筛和复筛**

(1)采样

1)土壤:用取样铲将土壤中表层5 cm左右的浮土除去,取5~25 cm处的土样10~

25 g,装入事先准备好的塑料袋内扎好,给塑料袋编号并记录地点、土壤质地、植被名称、时间及其他环境条件。一般样品取回后应马上分离,以免微生物死亡。

2)废水:分别取流动处和静止处,并记录相关数据。

(2)称取土壤 1 g(或量取 1 nL 水样),放入 99 mL 无菌水的三角瓶中,振荡 10 min,即为稀释 $10^{-2}$ 的土壤悬液。

(3)另取装有无菌试管 5 支,用记号笔标上 $10^{-3}$、$10^{-4}$、$10^{-5}$、$10^{-6}$、$10^{-7}$。在每只试管中用无菌吸管加入 4.5 mL 无菌水。

(4)取已稀释成 $10^{-2}$ 的土壤液,振荡后静止 0.5 min,用无菌吸管吸取 0.5 mL 土壤悬液加入 $10^{-3}$ 的无菌水的试管中,并在试管内轻轻吹吸数次,使之充分混匀,即成 $10^{-3}$ 土壤稀释液。同法依次连续稀释至 $10^{-4}$→$10^{-5}$→$10^{-6}$ 土壤稀释液。在土壤稀释过程中,应用一支吸管由浓到稀,稀释到底。

(5)平板涂抹:取无菌培养皿,将上述每种培养基平板底面标记稀释度,然后用无菌吸管从最后 3 种稀释度,即 $10^{-4}$、$10^{-5}$ 和 $10^{-6}$ 的试管中吸取 0.1 mL 对号放入平板上,用涂布器将稀释液在平板表面涂抹均匀。

(6)培养:将接种后的培养基静置 10 min 后,倒置于 28~30 ℃ 条件下培养 3~4 d,计数菌落,并计算出 1 g 土壤中放线菌的数量。(每毫升样品中微生物细胞数=每皿菌落平均数×稀释倍数×1/取样体积)

(7)初筛:选取菌落生长良好,排布均匀的培养基,用接种环分别均匀(3~5 处)挑取培养基中的菌落,在无菌条件下分别接种于初筛培养基中,倒置于 28~30 ℃ 条件下培养 3~4 d。

(8)接种:选取经初筛后,生长状态良好的单菌落,在无菌条件下,用接种环挑取菌落接种于发酵培养基中,于 25 ℃ 培养 24 h。

(9)青霉素定性检测

1)标准样品制备:吸取青霉素标准溶液 1 mL 于试管中,加入 0.2 mol/L 的 NaOH 溶液 0.5 mL,1.0 mol/L $H_2SO_4$ 溶液 1.0 mL,5% 钼酸铵 2.0 mL,8% $Na_2HPO_4$ 1.0 mL,加入发酵培养基至 20 mL,摇匀,于沸水中加热 20 min。取出冷却,摇匀。

2)试验品制备:取出 0.2 mol/L 的 NaOH 溶液 0.5 mL,1.0 mol/L $H_2SO_4$ 溶液 1.0 mL,5% 钼酸铵 2.0 mL,8% $Na_2HPO_4$ 1.0 mL 于试管中,标号。加入经过发酵后的发酵培养基至 20 mL,摇匀,于沸水中加热 20 min。取出冷却,摇匀。

3)空白样品制备:取出 0.2 mol/L 的 NaOH 溶液 0.5 mL,1.0 mol/L $H_2SO_4$ 溶液 1.0 mL,5% 钼酸铵 2.0 mL,8% $Na_2HPO_4$ 1.0 mL,加入发酵培养基至 20 mL,摇匀,于沸水中加热 20 min。取出冷却,摇匀。

4)分光检测:分别以空白样品和标准样品作为对照,在 720 nm 处测定吸光度。

**(五)聚 γ-谷氨酸产生菌的初筛和复筛**

(1)样品预处理:取固体样品 2 g 放入装有 30 mL 无菌水的 250 mL 三角瓶中,振荡后静置 30 min,沸水浴煮沸 5 min。取上述样品 1 mL 接种到装有 30 mL 富集培养基的 250 mL 三角瓶中于 37 ℃、180 r/min 摇床培养 24 h。

(2)平板筛选:将富集培养液,适当稀释后涂布平板,置于恒温培养箱中 37 ℃ 恒温培养 24 h,挑取黏稠且有明显拉丝的单菌落。

（3）摇瓶初筛：30 mL 摇瓶发酵培养基装于 250 mL 三角瓶中，1 支接 1 瓶接入 1～2 环斜面菌种，37 ℃、180 r/min 振荡培养 2 d 左右，测发酵液的黏度，选取黏度高的菌株进行复筛。

（4）摇瓶复筛：30 mL 摇瓶发酵培养基装于 250 mL 三角瓶中，1 支接 3 瓶接入 1～2 环斜面菌种，37 ℃、180 r/min 振荡培养 2 d 左右，测发酵液的黏度，选取黏度高且稳定的菌株。

## 五、实验结果

观察所有稀释倍数的菌落个数变化，是否出现单菌落和菌苔，选择 3 种淀粉酶产生菌的菌落特征填入表 1-1 中。

表 1-1　$D/d$ 值计算表

| 编号 | 菌落直径($d$) | 透明圈直径($D$) | $D/d$ 值 |
|---|---|---|---|
| 1 | | | |
| 2 | | | |
| 3 | | | |

## 六、思考题

（1）倒平板过程中无菌操作需要注意什么？
（2）淀粉酶可以分为几类？
（3）筛选过程中土样为什么要稀释几个不同梯度进行涂平板？
（4）在观察结果的过程中为什么要及时观察，否则会有什么后果？
（5）在实验过程中你还学到哪些知识？

# 实验二　排斥亚甲蓝放线菌的筛选

## 一、实验目的

1. 筛选能够和亚甲蓝发生排斥反应的放线菌。
2. 了解排斥亚甲蓝放线菌筛选的原理。
3. 掌握排斥亚甲蓝放线菌筛选的实验过程。

## 二、实验原理

放线菌目前是合成一些抗生物质的主要微生物种群。亚甲蓝在酸性条件下带正电荷，个别放线菌在生长过程中可以释放出带正电荷的产物。两者在固体培养基中能够形成特殊的排斥圈。目前研究表明，这种产物有可能是一种生物碱性物质，对其他菌体有良好的抑制和杀灭作用，可以作为药物的靶向载体和食品添加剂。放线菌一般生长条件为中性,而亚甲蓝在酸性条件下带正电荷,所以培养条件选择为中性偏酸性。在筛选过程中会有大量的杂菌生长,从而影响筛选效果的观察和筛选分离,为此要在培养基中加入一些对杂菌有抑制作用但对放线菌抑制作用较小的化学物质高锰酸钾。为了避免杂菌的影响要及时观察和分离。

### 三、实验试剂、材料和仪器

**1. 材料**

葡萄糖,酵母粉,$(NH_4)_2SO_4$,$K_2HPO_4$,$KH_2PO_4$,$MgSO_4$,$ZnSO_4$,$FeSO_4$,$K_2MnO_4$。

**2. 仪器**

牛皮纸,培养皿,试管,涂布棒,恒温培养箱,玻璃珠。

### 四、实验内容

**1. 筛选培养基的配置**

(1)培养基成分:葡萄糖 50 g/L,酵母粉 5 g/L,$(NH_4)_2SO_4$ 10 g/L,$K_2HPO_4$ 0.8 g/L,$KH_2PO_4$ 1.36 g/L,$MgSO_4$ 0.05 g/L,$ZnSO_4$ 0.05 g/L,$FeSO_4$ 0.03 g/L,调节 pH 为 6.8,$1×10^5$ Pa 灭菌 30 min,酵母膏单独灭菌。

(2)高锰酸钾溶液的配制:称取 7.5 g 高锰酸钾,用 100 mL 去纯水溶解灭菌待用。

(3)亚甲蓝溶液配制:称取 0.2 g 亚甲蓝,用 100 mL 去纯水溶解灭菌待用。在培养基冷却至 70~80 ℃时,分别加入高锰酸钾溶液和亚甲蓝溶液,使培养基中的含量分别为 75 mg/L 和 0.002 g/L。

**2. 土样的采集和样品的处理**

(1)每大组取 3 种不同环境的土样并记录当时取样环境情况(每一小组以其中一个地方进行分离)。

(2)以小组为单位进行稀释分离。取土样 1 g,加入 9 mL 无菌水,逐步稀释至 $10^{-1}$、$10^{-2}$、$10^{-3}$。(每个梯度涂 2 个瓶皿)。

**3. 培养**

(1)30 ℃恒温培养 120 h。

(2)3 天后开始间隔 24 h 观察生长和形成透明圈情况。

### 五、实验结果

**1. 环境情况**

选择 3 个地点,并填写表 1-2。

**2. 绘制出透明圈。**

表 1-2 生长情况和透明圈情况

| | 地点一 | | | 地点二 | | | 地点三 | | |
|---|---|---|---|---|---|---|---|---|---|
| 放线菌生长情况 | | | | | | | | | |
| 形成透明圈情况 | | | | | | | | | |

**3.结果分析**

从不同地点获得的结果进行分析为什么会出现这样的差异,你可以初步得出什么样的结论。

## 六、思考题

(1)为什么要加入重铬酸钾和亚甲蓝?
(2)在观察结果的过程中为什么要及时观察,否则会有什么后果?
(3)为什么同样一个样品要稀释几个不同梯度进行涂平板?

# 实验三 淀粉酶活力的测定

## 一、实验目的

1.掌握淀粉酶定量测定的基本原理、方法和操作技能。
2.掌握定量分析酶活力的实验技能,使学生掌握分光光度计的使用方法。
3.掌握标准曲线的绘制方法。
4.通过介绍酶活力测定的改进策略,提高学生改革创新的新理念,并结合自身,做改革创新的实践者。

## 二、实验原理

酶促反应速度大小可以作为酶活性的大小,也可以作为酶量的衡量标准,故可以从单位时间内一定条件酶促反应中底物的消耗量或产物的生成量来测定。本实验采用的快速比色法即利用一定量的淀粉被淀粉酶水解后,不能与碘显蓝色所需要的时间来确定其活性。该方法简单、快速、经济。该方法主要用于液化淀粉酶活力的测定。

## 三、实验试剂、材料和仪器

**1.试剂的配制**

(1)原碘液:称取碘($I_2$)11 g,碘化钾(KI)22 g,用少量水使碘完全溶解,然后定容至500 mL,贮于棕色瓶中。

(2)稀碘液:吸取原碘液2.00 mL,加碘化钾20 g,用水溶解并定容至500 mL,贮于棕色瓶中。

(3)20 g/L可溶性淀粉溶液:称取可溶性淀粉(以绝干计)2 000 g,精确至0.001 g,用10 mL水调成浆状物,在搅动下缓缓倾入70 mL沸水中。然后,以20 mL水分几次冲洗装淀粉的烧杯,洗液并入其中,加热至完全透明,冷却,定容至100 mL。此溶液需要当天配制。

(4)磷酸缓冲液(pH=6.0):称取磷酸氢二钠($Na_2HPO_4 \cdot 12H_2O$)45.23 g、柠檬酸($C_6H_8O_7 \cdot H_2O$)8.07 g,用水溶解并定容至1 000 mL。配好后用pH计校正。

(5)0.5 mol/L乙酸溶液。

**2.仪器**

分光光度计,秒表,恒温水浴(60 ℃±0.2 ℃),试管25 mm×2 000 mm,移液管(1 mL、

2 mL、5 mL、10 mL)。

### 四、实验内容

1. 标准曲线的制作

(1)将可溶性淀粉稀释成0.2%、0.5%、1%、1.5%、2%的稀释液。

(2)取7支试管,分别标号1~7,再另外取7支试管对应标号,备用。分别吸取0、0.2%、0.5%、1%、1.5%、2%的淀粉稀释液2.0 mL加至试管中,第7支试管加样品2 mL,然后7支试管再加入磷酸氢二钠-柠檬酸缓冲液1.0 mL,40 ℃水浴保温5 min。

(3)加蒸馏水1 mL,40 ℃保温30 min后加入0.5 mol/L乙酸10 mL。

(4)吸取反应液1 mL,加稀碘液10 mL,混匀,在660 nm下测得吸光度$A$。

(5)以淀粉浓度为横坐标、吸光度为纵坐标,绘制标准曲线。

2. 酶活测定

测得吸光度$A_{660\,nm}$,从标准曲线中查出相应的淀粉浓度,求出被酶消耗的淀粉量,填写表1-3。

表1-3　液化性淀粉酶活力测定表

| 管号 | 1 | 2 | 3 | 4 | 5 | 6 | 7 |
|---|---|---|---|---|---|---|---|
| 淀粉稀释液/mL | 2(0) | 2(0.2%) | 2(0.5%) | 2(1%) | 2(1.5%) | 2(2%) | 2 |
| 磷酸缓冲液(pH 6.0)/mL | 1 | 1 | 1 | 1 | 1 | 1 | 1 |
| 40 ℃水浴保温5 min | | | | | | | |
| 蒸馏水/mL | 1 | 1 | 1 | 1 | 1 | 1 | 0 |
| 粗酶液/mL | 0 | 0 | 0 | 0 | 0 | 0 | 1 |
| 40 ℃保温30 min | | | | | | | |
| 0.5 mol/L乙酸/mL | 10 | 10 | 10 | 10 | 10 | 10 | 10 |
| 吸取上述反应液体1 mL加入对应编号的另外7支试管中 | | | | | | | |
| 稀碘液/mL | 10 | 10 | 10 | 10 | 10 | 10 | 10 |
| 吸光度$A_{660\,nm}$ | | | | | | | |

### 五、实验结果

(1)绘制标准曲线并打印出来粘于实验报告纸上,标准曲线上应该带有公式和$R^2$。

(2)酶活力以每毫升粗酶液在40 ℃、pH=6.0的条件下每小时所分解的淀粉毫克数来衡量。

### 六、思考题

(1)pH=6磷酸缓冲液的作用是什么?每个试管于40 ℃水浴准确保温5 min的作用

是什么?

(2)40 ℃反应 30 min 后为什么要加入乙酸?

(3)酶活力测定的方法有哪些?

(4)淀粉酶有哪几类?

(5)分光光度计如何使用和保养?

# 实验四　蛋白酶活力的测定

## 一、实验目的

1. 了解蛋白酶活力测定的原理。

2. 掌握蛋白酶活力测定的方法。

## 二、实验原理

福林-酚试剂在碱性条件下可被酚类化合物还原呈蓝色(钼蓝和钨蓝混合物),由于蛋白质分子中有含酚基的氨基酸(如酪氨酸、色氨酸等),可使蛋白质及其水解产物呈上述反应。因此可利用此原理测定蛋白酶活力。通常以酪蛋白为底物,在一定 pH 值和温度条件下,同酶液反应,经一段时间后终止酶促反应,经离心或过滤除去酪蛋白等沉淀物后取上清液,用 $Na_2CO_3$ 碱化,再加入福林-酚试剂显色,蓝色的深浅与滤液中生成产物酪氨酸量成正比;酪氨酸含量用分光光度计在 680 nm 波长处测定,从而计算出蛋白酶的活力。

## 三、实验试剂、材料和仪器

### 1.试剂的配制

(1)福林-酚试剂:向 2 000 mL 的磨口回流瓶中加入 100 g 钨酸钠($Na_2WO_4 \cdot 2H_2O$)、25 g 钼酸钠及 700 mL 的去离子水,再加入 50 mL 85% 的磷酸及浓盐酸 100 mL,充分混合后,接上回流冷凝管,以文火回流 10 h,结束后再加入 150 g 的硫酸锂($LiSO_4$)、50 mL 去离子水及数滴溴水,再继续沸腾 15 min,以驱除过量的溴,冷却后滤液呈黄绿色(如仍呈绿色,需再重复滴加溴水的步骤),加去离子水定容至 1 000 mL,过滤,滤液置于棕色试剂瓶中,贮于冰箱中可长期保存备用。此溶液使用时可按 1∶3 比例用去离子水稀释。

(2)0.4 mol/L 三氯乙酸(TCA)溶液:精确称取三氯乙酸 65.4 g,加去离子水定容至 1 000 mL。

(3)0.4 mol/L 碳酸钠溶液:精确称取无水碳酸钠 42.4 g,加去离子水溶解后,定容至 1 000 mL。

(4)0.5 mol/L 氢氧化钠溶液。

(5)1 mol/L 及 0.1 mol/L 盐酸溶液。

(6)磷酸缓冲液(pH = 7.5),适用于中性蛋白酶:称取磷酸氢二钠($Na_2HPO_4 \cdot 12H_2O$)6.02 g 和磷酸二氢钠($NaH_2PO_4 \cdot 2H_2O$)0.5 g,加水溶解并定容至 1 000 mL。

(7)10 g/L 酪素溶液:称取酪素 1.000 g,精确至 0.001 g,用少量 0.5 mol/L 氢氧化钠

溶液湿润后,加入适量的各种适宜 pH 的缓冲溶液约 80 mL,在沸水浴中边加热边搅拌,直至完全溶解,冷却后,转入 100 mL 容量瓶中,用适宜的 pH 缓冲溶液稀释至刻度。此溶液在冰箱内贮存,有效期为 3 天。

(8)100 μg/mL 酪氨酸溶液:精确称取 0.100 g 酪氨酸,逐步加入 1 mol/L 盐酸 6 mL,溶解后,用 0.1 mol 盐酸定容至 100 mL 得 1 mg/mL 酪氨酸溶液,取此溶液 10 mL,用 0.1 mL 盐酸定容到 100 mL,放入 4 ℃ 冰箱中保存。

2. 仪器

UV1000 分光光度计,恒温水浴锅,量筒,容量瓶,漏斗,试剂瓶,移液枪,吸管,离心管,枪头,摇床。

### 四、实验内容

(1)标准曲线的制作。根据相关结果,填写表 1-4。

**表 1-4 标准曲线的制作**

| 管号 | 酪氨酸标准溶液的浓度/(μg/mL) | 100 μg/mL 酪氨酸/mL | 去离子水/mL | 碳酸钠溶液/mL | 甲醛/mL | 测定 OD 值 |
|---|---|---|---|---|---|---|
| 0 | 0 | 0.0 | 1.0 | 5.00 | 1.00 | 0 |
| 1 | 10 | 0.1 | 0.9 | 5.00 | 1.00 | |
| 2 | 20 | 0.2 | 0.8 | 5.00 | 1.00 | |
| 3 | 30 | 0.3 | 0.7 | 5.00 | 1.00 | |
| 4 | 40 | 0.4 | 0.6 | 5.00 | 1.00 | |
| 5 | 50 | 0.5 | 0.5 | 5.00 | 1.00 | |

(2)加完之后,置于 40 ℃ 水浴中显色 20 min,取出,用分光光度计于波长 680 nm,10 mm 比色皿,以不含酪氨酸的对照管为空白,分别测定其吸光度值。以吸光度值 $A$ 为纵坐标,酪氨酸的浓度 $c$ 为横坐标,绘制标准曲线,计算出 $OD_{680\ nm} = 1$ 时的浓度,即为吸光常数 $K$ 值。

### 五、实验结果

根据酶活力公式,计算蛋白酶的活力。

酶活力计算公式:

$$X = A \times K \times \frac{4}{10} \times n$$

式中　$X$——样品的酶活力,U/mL;

　　　$A$——样品平行试验的平均吸光度;

　　　$K$——吸光常数;

　　　4——反应试剂的总体积,mL;

　　　10——反应时间 10 min,以 1 min 计;

*n*——稀释倍数。

所得结果表示至整数。

## 六、思考题

(1)蛋白酶有哪几类?

(2)影响酶活力的因素有哪些?

(3)使用紫外分光光度计时应注意哪些问题?

# 实验五　脂肪酶活力的测定

## 一、实验目的

1. 了解脂肪酶活力测定的原理。
2. 掌握脂肪酶活力测定的方法。

## 二、实验原理

碱性脂肪酶可将甘油酯(油、脂)水解,在不同阶段可释放出脂肪酸、甘油二酯、甘油单酯及甘油。水解生成的脂肪酸,可以用标准的碱溶液滴定,以滴定值表示酶活力。

反应式为:　　　　　　$RCOOH+NaOH\longrightarrow RCOONa+H_2O$

## 三、实验试剂、材料和设备

1. 试剂的配制

(1)0.05 mol/L Gly-NaOH 缓冲液(pH=9.4)

1)A 液(0.2 mol/L NaOH):称取 NaOH 8.0 g,用蒸馏水定容至 1 000 mL。

2)B 液[0.2 mol/L 甘氨酸(Gly)]:称取甘氨酸 15.014 g,用蒸馏水定容至 1 000 mL。

使用前取 A 液 16.8 mL + B 液 50 mL,加部分蒸馏水稀释,再用酸度计调节 pH 至 9.4,定容到 200 mL。

(2)橄榄油,分析纯。

(3)4% 聚乙烯醇(PVA)溶液:称取聚乙烯醇 40 g(聚合度 1 750+50),加 1 000 mL 0.05 mol/L pH=9.4 Gly-NaOH 缓冲液,沸水浴完全溶解后,冷却,必要时过滤,溶解过程中蒸发的水分要用蒸馏水补充,定容至 1 000 mL。

(4)乙醇:95% 以上,为分析纯。

(5)0.01 mol/L NaOH 溶液:称取 0.40 g NaOH(分析纯),溶于新制备的冷却蒸馏水中并定容至 1 000 mL,置于冰箱中保存。取分析纯邻苯二甲酸氢钾少量于称量瓶中,105 ℃烘干至恒重(约 2 h),然后称取 4 份,每份各 0.600 g,分别放入 4 个 100 mL 容量瓶中,加蒸馏水定容至刻度线,溶解后,分别取 10 mL 于 4 个 250 mL 的三角瓶中,各加入 40 mL蒸馏水,摇匀后,加 3 滴 1% 酚酞,用待标定的 NaOH 溶液滴定至微红,即为终点。

(6)乳化液的制备:取 4% 聚乙烯醇溶液 100 mL,加入橄榄油 50 mL,在 5 ~ 10 ℃冰箱放置 1 ~ 2 h,然后用均质机乳化(外包冰块),转速 10 000 r/min,一次乳化 3 min,每次乳化间隔时间为 3 min,共 4 次 12 min,立即使用,如不马上使用,要立即放入冰箱(乳化液在冰箱保存,仅限当天使用),每次使用前必须乳化 3 min。

2. 仪器

乳化容器,组织捣碎机,振荡恒温水浴锅,液晶式酸度计,多头磁力搅拌器。

### 四、实验内容

称取固状酶粉 1 g,精密称定,用 50 mL 20 ℃ pH = 9.4 Gly –NaOH 缓冲液浸提,摇 10 min,定容至 100 mL,再浸提 30 min,每隔 10 min 摇 1 次,静置取上清液。再进行下一步稀释,稀释倍数:以样品与对照消耗碱量之差在 4.5~6.5 mL 范围内。

测定:取 100 mL 三角瓶 4 只,其中 2 只是试样,2 只是空白对照,每杯中的组成液为 4.0 mL缓冲液(pH = 9.4),5.0 mL 橄榄油乳化液,1.0 mL 酶液。以上除酶液以外的组成液置于 36 ℃ 水浴锅预热 5 min,然后精确加入 1 mL 酶液,精确计时,缓慢振荡 (80 次/min),保温 10 min,立即加入 95% 酒精 20 mL,取出,加入 10 mL 30% 的氯化钠溶液,摇匀,使之破乳约 1 min。并同时做空白对照,对照同样品一样,先预热 5 min(不振荡),保温10 min,立即加入 20 mL,95% 酒精灭活过的 1 mL 酶液。

用 0.01 mol/L NaOH 溶液滴定样品至空白溶液的 pH。滴定前应将 pH 计的电极在测试液中浸泡,待 pH 计读数稳定后测定。反应后的样品应在半小时内完成滴定。

### 五、实验结果

同时做 3 份平行,结果取平均值,所得结果表示至整数,平行试验相对误差不得超过 5.0%。

$$X = V \times c \times \frac{1}{10} \times n \times W \times 1\,000$$

式中  $X$ ——样品的酶活力,U/g 或 U/mL;

$V$ ——滴定样品时消耗标准 NaOH 溶液的体积,mL;

$c$ ——氢氧化钠的浓度,mol/L;

$\frac{1}{10}$ ——反应时间 10 min,以 1 min 计;

$n$ ——稀释倍数;

$W$ ——换算系数,值为 8.5。

### 六、思考题

(1)什么是乳化?

(2)脂肪酶活力测定的过程有哪些关键步骤?

# 实验六  抗生素效价的测定

### 一、实验目的

1. 了解抗生素效价测定的原理。

2.掌握抗生素效价测定的方法。

## 二、实验原理

管碟法是利用抗生素在摊布特定试验菌的固体培养基内呈球面形扩散，形成含有一定浓度抗生素球形区，抑制了试验菌的繁殖而呈现出的透明抑菌圈。此法系根据抗生素在一定浓度范围内，对数剂量与抑菌圈面积呈线性关系，通过比较标准品与供试品产生抑菌圈的大小，计算出供试品的效价。

抑菌圈的形成：两种互动作用，一种是抗生素溶液向培养基内呈球面状扩散作用；另一种是试验菌的生长作用。当培养到一定时间，琼脂培养基中的两种互动作用达到动态平衡时，琼脂培养基中便形成透明的抑菌圈。即，在抑菌圈中因抗生素浓度高于抑菌浓度，试验菌生长受到抑制，此处琼脂培养基成透明状；在抑菌圈边缘抗生素浓度恰好等于抗生素最低抑菌浓度。

## 三、实验试剂、材料和仪器

### 1.试剂的配制

（1）磷酸盐缓冲液（pH＝6.0）：取磷酸氢二钾 2 g 与磷酸二氢钾 8 g，加水定容至 1 000 mL，滤过。

（2）磷酸盐缓冲液（pH＝7.0）：取磷酸氢二钠（$Na_2HPO_4 \cdot 12H_2O$）9.39 g 与磷酸二氢钾3.5 g，加水定容至 1 000 mL，滤过。

（3）磷酸盐缓冲液（pH＝7.8）：取磷酸氢二钾 5.59 g 与磷酸二氢钾 0.41 g，加水定容至1 000 mL，滤过。

### 2.仪器

牛津杯：内径（6.0±0.1）mm，高（10.0±0.1）mm，外径（7.8±0.1）mm，重量差异不超过±0.01 g，光洁平坦。

培养皿、钢管、刻度吸管清洗后 160 ℃ 干热灭菌 2 h 或 121 ℃ 高压蒸汽灭菌30 min，放置室温备用；陶瓷瓦盖要定期清洗干燥。

## 四、实验内容

### 1.预实验

确定最佳的实验条件：调整实验菌的浓度、使用量、抗生素终浓度、培养基等，使抑菌圈的大小符合规定，高剂量浓度溶液所致的抑菌圈直径在 18～22 mm。高剂量与低剂量的抑菌圈直径之差最好不小于 2 mm。

高低剂量之比为 2：1（如高、低剂量所致的抑菌圈差别较小时，可用 4：1 的剂量比率）。

### 2.称量

称量前，将标准品从冰箱取出，使与室温平衡；供试品应放于干燥器内至少 30 min 方可称取。供试品与标准品应用同一天平；吸湿性较强的抗生素，在称量前 1～2 h 更换天平内干燥剂。标准品与供试品的称量最好一次取样称取，不得将已取出的标准品或供试品倒回原容器内，标准品称量不可少于 20 mg，取样后立即将称量瓶及被称物盖好，以免吸水。样品的称样量最好不少于 50 mg。

3. 稀释操作应遵照容量分析的操作规程

从冰箱中取出的标准溶液,必须先在室温放置,使其温度达到室温后,方可量取。标准品与供试品溶液的稀释应采用容量瓶,每步稀释,取样量不得少于 2 mL 为宜,稀释步骤一般不超过 3 步。举例:取溶液 1 000 U/mL。第一步,取 5 mL(1 000 U/mL)→50 mL 容量瓶→100 U/mL;第二步,取 5 mL(100 U/mL)→50 mL 容量瓶→10 U/mL(H);第三步,取 5 mL(10 U/mL)→100 mL 容量瓶→5 U/mL(L)。

每次吸取溶液用刻度吸管,量取溶液前要用被量液流洗吸管 2～3 次,吸取样品溶液后,用滤纸将外壁多余液体擦去,从起始刻度开始放溶液。稀释标准品与供试品用的缓冲液应同一批和同瓶,以免因 pH 或浓度不同影响测定结果。稀释时,每次加液至容量瓶近刻度前,稍放置片刻,待瓶壁的液体完全流下,再准确补加至刻度。

4. 双碟的制备

在半无菌室内进行,应注意微生物及抗生素的污染,培养基应在水浴中或微波炉中融化,避免直火加热。

用灭菌大口吸管(20 mL)或其他灭菌分装器,吸取已融化的培养基 20 mL 注入双碟内,等凝固后更换干燥的陶瓦盖,放于 35～37 ℃培养箱中保温,使易于摊布菌层。

取出实验用菌悬液,按已实验的菌量作为标准品溶液,高浓度所致的抑菌圈直径在 18～22 mm;用灭菌吸管吸取菌悬液加入已融化并保温在水中(一般细菌 48～50 ℃,芽孢可至 60 ℃)的培养基内,摇匀,作为菌层用。用灭菌大口 10 mL 吸管或其他分装器,吸取培养液 5 mL,均匀摊在底层培养基上,置于水平台上并用陶瓦圆盖覆盖,放置 20～30 min,待凝固,备用。

## 五、实验结果

1. 实验记录

实验记录应包括抗生素的品种、剂型、标示量、生产厂、批号、检查目的、检验依据、检验日期、温度、湿度,标准品与供试品的称量、稀释步骤与核对人,抑菌圈测量结果。当用游标卡尺测量抑菌圈直径时,应将测试数据以框图方式顺双碟数记录。当用测量仪测量面积或直径时,应将电脑测试、计算、统计分析的打印纸贴附于记录中。

2. 结果判断

可靠性测验结果认为可靠,方可进行效价和可信限率计算。

可信限率:考核实验的精密度,除药典各论另有规定外,本法的可信限率不得超过 5%。上述各项规定都能符合者,实验结果成立。

实验计算:所得效价低于估计效价的 90% 或高于估计效价的 110%,则检验结果仅作为初试,应调整供试品估计效价,予以重试。

效价测定一般需双份样品,平行试验以便核对。对不符合规定的样品应至少有 2 次符合规定的结果,才能发出报告。

## 六、注意事项

(1)浓度比不等于 1.000 时,如标准品溶液($S$)$d$ 的浓度为 1 005 U/mL,而供试品溶液($T$)的浓度为 995 U/mL,$D=S/T=1.010\,1$;也可将 $D$ 值设为 1.000,而估计效价设为 101.01% 。所测定的实际效价应在 $D$ 值与估计效价乘积的 90% 和 110% 范围内,超出就应重新估计效价。如估计效价为 100%,$D=1.000$,而测得的效价为 115%,按 110% 重估效价再进行实验。

(2)原料及不合格供试品,进行平行试验,配置两份标准品和两份供试品,一份标准品与一份供试品为一组。

## 七、思考题

(1)管碟法测定有哪些关键步骤?

(2)抗生素效价的测定还有哪些方法?

# 实验七  聚 γ-谷氨酸含量的测定

## 一、实验目的

掌握聚 γ-谷氨酸含量测定的原理和方法。

## 二、实验原理

聚 γ-谷氨酸作为一种可生物降解、对环境和人体无害、可用微生物发酵生产的高分子聚合物,随着生产和应用的不断深入,愈来愈显现出广阔的应用前景,如在医药领域可作为药物载体、黏合剂、医药用高分子材料;在食品领域可作为膳食纤维、保健食品、食品增稠剂、安定剂等;在农业领域可作为高吸水树脂、肥料增效剂而用于改良土壤,促进农作物生长;在工业领域则作为生物絮凝剂、重金属吸附剂、螯合剂而用于废水处理,还可作为滤膜材料、耐热塑料、保湿材料等。目前,聚 γ-谷氨酸及其盐的测定,常用氨基酸分析仪、凝胶色谱法、柱前衍生高效液相色谱法等。

本实验主要研究了将聚 γ-谷氨酸水解成谷氨酸的水解条件,并研究了谷氨酸与四氯对苯醌(TCBQ)发生络合反应形成络合物的条件,建立了一种紫外分光光度法测定聚γ-谷氨酸含量的方法。

## 三、实验试剂、材料和仪器

1. 试剂配制

(1)四氯对苯醌(TCBQ)溶液(2.5~3 mol/L):准确称取 0.031 2 g TCBQ,加无水乙醇稀释定容至 50 mL。

(2)硼砂储备液(硼酸根浓度为 0.20 mol/L):准确称取 1.907 2 g 硼砂,加水稀释定容至 100 mL。

(3)NaOH 储备液(0.20 mol/L):准确称取 0.400 0 g NaOH,加水稀释定容至 50 mL。

(4)硼砂-NaOH 缓冲溶液(pH 9.6,硼酸根浓度为 0.05 mol/L):量取 50 mL 硼砂储备液和 23 mL NaOH 储备液,加水稀释至 200 mL。

所用水均为双蒸水。

2. 试剂

四氯对苯醌(TCBQ)、硼砂、氢氧化钠、盐酸等均为分析纯。

3. 仪器

FA1004 型电子分析天平(上海天平仪器总厂),DK-98-1 型电热恒温水浴锅(天津市泰斯特仪器有限公司),TU-1810 型紫外可见分光光度计(北京谱析通用仪器有限公司),聚谷氨酸对照品(Sigma 公司),聚谷氨酸样品(台湾味丹企业股份有限公司)。

## 四、实验内容

准确称取 50 mg 聚 γ-谷氨酸对照品,置于 25 mL 蒸馏瓶中,加 6 mol/L 盐酸 4 mL,溶解后,于 110 ℃油浴中加热回流 12 h,取出放冷后,全部转移至 50 mL 容量瓶中,用水稀释至刻度,混匀。精密量取 5 mL 于 50 mL 容量瓶中,加水稀释至刻度,混匀后,精密量取 0.80 mL、0.90 mL、1.00 mL、1.10 mL、1.20 mL,分别置于 10 mL 比色管中,配制质量浓度分别为 8 g/mL、9 g/mL、10 g/mL、11 g/mL、12 g/mL,在波长 350 nm 处测定吸光度 $A$,并绘制工作曲线。

精密量取 5 mL 于 50 mL 容量瓶中,加水稀释至刻度,混匀。精密量取 1 mL 于 10 mL 比色管中,加入硼砂溶液 4.0 mL,加入 TCBQ 溶液 1 mL,用水稀释至刻度,摇匀,置于 60 ℃水浴中 60 min,流水冷却至室温,以试剂空白为参比,按紫外分光光度法在波长 350 nm 处测定吸光度 $A$。取聚 γ-谷氨酸对照品同法测定,利用对照品法计算聚 γ-谷氨酸的含量。

## 五、实验结果

计算聚 γ-谷氨酸的含量。

## 六、思考题

简述本实验的络合反应过程。

# 实验八 还原糖含量的测定

## 一、实验目的

1. 学习和掌握发酵过程中的取样操作。

2. 了解还原糖的各种测定方法。

3. 掌握二硝基水杨酸法(DNS 法)测定还原糖的操作方法。

## 二、实验原理

单糖和某些寡糖含有游离的醛基或酮基,有还原性,属于还原糖;而多糖和蔗糖等属于非还原性糖。还原糖在碱性条件下加热被氧化成糖酸及其他产物,3,5-二硝基水杨酸则被还原为棕红色的 3-氨基-5-硝基水杨酸。在过量的 NaOH 碱性溶液中,此化合物在 540 nm 处有最大吸收峰,在一定浓度范围内还原糖的量与光吸收值呈线性关系,利用比色法可测定样品中还原糖的含量。

### 三、实验试剂、材料和仪器

1. 试剂的配制

（1）标准葡萄糖溶液（1.0 mg/mL）：准确称取干燥恒重的葡萄糖 100 mg，溶于蒸馏水并定容至 100 mL，混匀，4 ℃冰箱中保存备用。

（2）3,5-二硝基水杨酸（DNS）试剂：将 6.3 g DNS 和 262 mL 2 mol/L NaOH 溶液，加到 500 mL 含有 185 g 酒石酸钾钠的热水溶液中，再加 5 g 结晶酚和 5 g 亚硫酸钠，搅拌溶解，冷却后加蒸馏水定容至 1 000 mL，储存于棕色瓶中备用。

2. 仪器

分光光度计，水浴锅，电子分析天平，电炉，容量瓶（100 mL），玻璃漏斗，量筒，研钵和三角烧瓶。

### 四、实验内容

1. 葡萄糖标准曲线的绘制

取 9 只定糖管（有盖子，且用绳子系住），分别按照表 1-5 的顺序加入各种试剂，沸水浴中加热 5 min 后立即用流动水冷却。

管内溶液混匀，用空白管溶液调零点，于 520 nm 测定光密度值（*OD*），以葡萄糖含量为横坐标，光密度值为纵坐标绘制葡萄糖溶液标准曲线。

表 1-5　制作葡萄糖标准曲线时各试剂用量

| 项目 | CK | 1 | 2 | 3 | 4 | 5 | 6 | 7 | 8 |
|---|---|---|---|---|---|---|---|---|---|
| 含糖总量/mg | 0 | 0.2 | 0.4 | 0.6 | 0.8 | 1.0 | 1.2 | 1.4 | 1.6 |
| 葡萄糖液/mL | 0 | 0.2 | 0.4 | 0.6 | 0.8 | 1.0 | 1.2 | 1.4 | 1.6 |
| 蒸馏水/mL | 2.0 | 1.8 | 1.6 | 1.4 | 1.2 | 1.0 | 0.8 | 0.6 | 0.4 |
| DNS 试剂/mL | 1.5 | 1.5 | 1.5 | 1.5 | 1.5 | 1.5 | 1.5 | 1.5 | 1.5 |
| 加热 | 均在沸水浴中加热 5 min | | | | | | | | |
| 冷却 | 立即用流动冷水冷却 | | | | | | | | |
| 用蒸馏水补足到/mL | 10 | 10 | 10 | 10 | 10 | 10 | 10 | 10 | 10 |
| 光密度（540 nm） | | | | | | | | | |

2. 发酵液的取样

按照发酵罐取样的操作规程取样，并用洁净的三角瓶盛放。

3. 发酵液检测样品的制备

取一定体积的发酵液在 12 000 r/min 下离心去除产菌体。准确量取 5 mL 发酵上清液（视含糖量高低而定，在发酵周期内不同时期取样数量应有所不同）于 100 mL 容量瓶中，加入 10 mL 10% $ZnSO_4$ 溶液，用碱液（3 mol/L NaOH）调节显碱性，以水稀释至刻度，摇匀;通过干燥滤纸过滤。按照表1-6加入相应试剂进行反应。于520 nm测定光密度值,最后根据葡萄糖标准曲线算出发酵液所含还原糖的量。每管测定3次,求平均值。

表1-6 发酵液所含还原糖的测定

| 项目 | CK | 1 | 2 | 3 |
|---|---|---|---|---|
| 发酵液/mL | 0 | 0.8 | 0.8 | 0.8 |
| 蒸馏水/mL | 2.0 | 1.2 | 1.2 | 1.2 |
| DNS 试剂/mL | 1.5 | 1.5 | 1.5 | 1.5 |
| 加热 | 均在沸水浴中加热 5 min | | | |
| 冷却 | 立即用流动冷水冷却 | | | |
| 用蒸馏水补足到/mL | 10 | 10 | 10 | 10 |
| 光密度(540 nm) | | | | |

## 五、实验结果

计算还原糖含量。

## 六、思考题

(1)如果在测定过程中待测样的 $OD$ 值超出标准曲线的范围,应该怎么办?
(2)如果样品中还含有其他的非还原糖,我们如何采用本方法测定非还原糖的总量?

# 实验九 果胶酶活力的测定

## 一、实验目的

1. 学习果胶酶的作用和测定原理,并掌握其测定方法。
2. 了解果胶酶的应用。

## 二、实验原理

果胶是广泛存在于果蔬植物组织中的多糖物质。果胶物质主要存在于植物初生壁和细胞中间,果胶物质是细胞壁的基质多糖。果胶包括两种酸性多糖(聚半乳糖醛酸、聚鼠李半乳糖醛酸)和三种中性多糖(阿拉伯聚糖、半乳聚糖、阿拉伯半乳聚糖)。果胶酶是指能分解果胶质的多种酶的总称,广泛存在于高等植物和微生物中。产生果胶酶的微生物有细菌、放线菌、酵母和霉菌,但目前商品果胶酶多数来自于霉菌。果胶酶本质上是聚半乳糖醛酸水解酶,以果胶为底物,水解果胶,生成半乳糖醛酸,后者具有还原性醛基,可用次亚碘酸法进行定量测定。果胶酶主要应用于果胶的分解,在水果加工、葡萄酒生产、脱胶和饲料等方面有着广泛的应用。

果胶酶的酶活测定方法有:①黏度降低法,利用黏度计测量在一定温度、酶浓度和一定反应时间内,标准果胶溶液的黏度降低值;②脱胶作用时间法,以脱胶作用的时间来测定果胶酶的酶活力;③次亚碘酸法,用滴定法定量测定半乳糖醛酸的生成量,以表示果胶酶的活力;④还原糖法,根据果胶酶水解果胶生成半乳糖醛酸,后者是一种还原糖,与3,5-二硝基水杨酸共热后被还原成棕红色的氨基化合物,在一定的范围内,还原糖的量和反应液的颜色呈比例关系,可利用比色法在 540 nm 进行测定。

酶解反应:果胶——→半乳糖醛酸($C_6H_{10}O_7$)

含游离醛基的糖于碱性溶液中,在碘的作用下被氧化成相应的一元酸。

$$C_6H_{10}O_7 + I_2 + 2OH^- \longrightarrow C_6H_{10}O_8 + 2I^- + H_2O$$

过量的碘和氢氧根离子生成次碘酸根离子,当溶液呈酸性时,碘析出。

$$I_2 + 2OH^- \longrightarrow OI^- + I^- + H_2O$$

$$OI^- + I^- + 2H^+ \longrightarrow I_2 + H_2O$$

用硫代硫酸钠滴定剩余的碘量,计算出醛基氧化时所消耗的碘量。

$$I_2 + 2S_2O_3^{2-} \longrightarrow 2I^- + S_4O_6^{2-}$$

## 三、实验试剂、材料和仪器

### 1. 材料和试剂

(1)1% 果胶溶液:称量 0.1 g 果胶粉,加热水溶解,煮沸,冷却后过滤,定容至 10 mL。

(2)0.1 mol/L 柠檬酸-柠檬酸钠缓冲液(pH=3.5):甲液——称取柠檬酸 1.05 g,用水溶解并定容至 50 mL;乙液——称取柠檬酸三钠 1.47 g,用水溶解并定容至 50 mL;甲乙两液以 7:3 的比例混匀,调 pH 至 3.5。

(3)0.1 mol/L 碘溶液:称量碘化钾 1 g,溶于 0.8 mL 水中,另取碘 0.508 g,溶于碘化钾溶液中,待全部溶化后定容至 40 mL。

(4)果胶酶溶液:取 0.1 g 果胶酶用 10 mL 柠檬酸-柠檬酸钠缓冲液溶解。

(5)0.025 mol/L 硫代硫酸钠溶液:称取 0.62 g 硫代硫酸钠,定容至 100 mL,稀释20 倍。

(6)1 mol/L 碳酸钠溶液:称取 0.53 g $Na_2CO_3$,定容至 5 mL。

(7)2 mol/L 硫酸:取 5.6 mL 硫酸溶液缓慢加到 94.4 mL 水中。

### 2. 仪器

分光光度计,水浴锅等。

## 四、实验内容

### 1. 果胶酶活力测定实验步骤

(1)量取 1% 果胶溶液 10 mL,实验组加入 10 mL 酶液,对照组加入 10 mL 柠檬酸-柠檬酸钠缓冲液。

(2)在 50 ℃ 水浴 2 h,取出加热煮沸 1~2 min。

(3)冷却后,取 5 mL 反应液移入碘量瓶中,加 1 mol/L 碳酸钠 1 mL,0.1 mol/L 碘液 5 mL,摇匀,暗处放置 20 min,加 2 mol/L 硫酸 2 mL,用 0.025 mol/L 硫代硫酸钠滴定至淡黄色。

(4)接着加 0.5% 淀粉指示剂 1 mL,硫代硫酸钠继续滴定至蓝色消失为止,记下所消耗的硫代硫酸钠毫升数($A$)。

(5)空白对照:取混合液 5 mL 同样进行滴定,记录所消耗的硫代硫酸钠的毫升数(B)。

2.计算

满足上述条件下,每小时酶促催化果胶分解生成 1 mg 当量游离半乳糖醛酸定为一个酶活力单位,其中半乳糖醛酸的分子量为 194.14。

## 五、实验结果

计算果胶酶的活力。

## 六、注意事项

(1)果胶酶液应当天配制。
(2)滴定过程中应仔细注意溶液颜色变化,不要过量。

## 七、思考题

次亚碘酸法测定果胶酶活力的原理是什么?

# 实验十 营养缺陷型菌株的获得

## 一、实验目的

1. 了解营养缺陷型突变株选育的原理。
2. 学习并掌握细菌氨基酸营养缺陷型的诱变、筛选与鉴定方法。

## 二、实验原理

营养缺陷型是野生型菌株由于基因突变,致使细胞合成途径出现某些缺陷,丧失合成某些物质的能力,必须在基本培养基中外源补加该营养物质,才能正常生长的一类突变株。其本质是一种减低或消除末端产物浓度,以解除反馈控制的代谢调控方式,使代谢途径中间产物或分支合成途径中末端产物得以积累。

紫外线可使 DNA 形成胸腺嘧啶二聚体而使 DNA 结构发生改变,从而由于生物基因突变而使生物发生变异,将细菌制成均匀的细胞悬液,用适当剂量的紫外线照射后,使部分细胞发生突变而成为营养缺陷型。将同一个菌株同时接种到基本培养基和完全培养基,在基本培养基上不生长,而在完全培养基上生长的菌株即为缺陷型菌株。

营养缺陷型菌株广泛应用于氨基酸、核苷酸、维生素的生产中,也广泛应用于基因定位、杂交及基因重组等研究中的遗传标记制作。

## 三、实验试剂、材料和仪器

### (一)试剂和材料

1.菌种

大肠杆菌(*E. coli*)。

2.培养基

(1)细菌完全培养基(CM):葡萄糖 0.5%,牛肉膏 0.3%,酵母膏 0.3%,蛋白胨 1%,$MgSO_4 \cdot 7H_2O$ 0.2%,琼脂 2%,pH=7.2。

(2)细菌基本培养基(MM):葡萄糖 0.5%,$MgSO_4 \cdot 7H_2O$ 0.2%,柠檬酸钠 0.1%,$(NH_4)_2SO_4$ 0.2%,$K_2HPO_4$ 0.4%,琼脂 2%。配制基本培养基的药品均用分析纯;使用的器皿要洗净,用蒸馏水冲洗 2~3 次,必要时用重蒸馏水冲洗。

(3)无氮基本培养基:在基本培养基中不加 $(NH_4)_2SO_4$ 和琼脂。

(4)二倍氮源基本培养基:在基本培养基中加入 2 倍 $(NH_4)_2SO_4$,不加琼脂。

(5)限制培养基(SM):向配好的液体基本培养基中加入 0.1%~0.5% 的完全培养基,加入 2% 琼脂。

3.溶液

(1)无维生素的酪素水解物或氨基酸混合液。

(2)水溶性维生素混合液。

(3)核酸水解液:取 2 g RNA,加入 15 mL 1 mol/L NaOH;另取 2 g RNA,加入 15 mL 1 mol/L HCl,分别于 100 ℃水浴加热水解 20 min 后混合,调整 pH 值为 6.0,过滤后调整体积为 40 mL。

**(二)仪器**

无菌小滤纸片,干净镊子,无菌移液管,酒精灯,三角瓶(250 mL),9 cm 培养皿,6 cm 培养皿,大头针,涂布器,恒温摇床,恒温培养箱,紫外照射箱,磁力搅拌器,超净工作台等。

## 四、实验内容

(1)制备单克隆:取斜面或冻存菌种划平板,获得单克隆一个。取单克隆大肠杆菌斜面菌种 1 环,接入装有 20 mL 完全培养基的 250 mL 三角瓶中,30 ℃振荡培养 16~18 h。

(2)对数培养:取 1 mL 培养液转接于另一只装有 20 mL 完全培养基的 250 mL 三角瓶中,30 ℃振荡培养 6~8 h,使细胞处于对数生长状态。

(3)细胞悬浮液的制备:取 10 mL 培养液,离心(3 500 r/min,10 min)收集菌体,菌体用生理盐水离心洗涤 2 次,最后将菌体充分悬浮于 11 mL 生理盐水中,调整细胞浓度 $10^8$ 个/mL。取 1 mL 菌悬液以倾注法进行活菌计数,测定细胞悬浮液的菌体浓度。

(4)诱变处理:取剩余的 10 mL 细胞悬浮液于直径 90 mm 培养皿中(带磁棒),以紫外线照射 60 s。

(5)中间培养:取 1 mL 紫外线处理过的菌液于装有 20 mL 完全培养基的 250 mL 三角瓶中,30 ℃振荡培养过夜。

(6)淘汰野生型(青霉素法)

1)取 10 mL 中间培养液,离心(3 500 r/min,10 min),收集菌体,菌体用生理盐水离心洗涤 2 次,最后将菌体转入 10 mL 无氮基本培养基中,30 ℃振荡培养 6~8 h。

2)将全部菌液转入 10 mL 二倍氮源基本培养基中,30 ℃振荡培养 1~2 h,加入终浓度为 100 单位/mL 的青霉素(母液浓度为 2 000 单位/mL),继续培养 5~6 h,使青霉素杀死野生型细胞,达到浓缩缺陷型细胞的目的。

3）取 10 mL 菌液,离心收集菌体,将菌体用生理盐水离心洗涤 1 次,最后将菌体充分悬浮于 10 mL 生理盐水中。

(7)营养缺陷型菌株的检出

1）取 0.1 mL 菌悬液,涂布于限制培养基平板上(3 皿或更多),30 ℃培养 48 h,野生型形成大菌落,缺陷型为小菌落。

2）制备完全培养基和基本培养基平皿各 4 皿,并在皿的背面划好方格(每皿以30 个格为好)。

3）用牙签从限制培养基平板上逐个挑取小菌落,对应点接在基本培养基和完全培养基上(先点接,位置一定要对应),30 ℃培养 48 h。将在完全培养基平板上生长,而在基本培养基平板上相应位置不生长的菌落,挑入完全培养基斜面,30 ℃培养 24 h,作为营养缺陷型鉴定用菌株。

(8)营养缺陷型菌株的鉴定(采用生长谱法)

1）取待测菌种斜面 1 环接于 5 mL 生理盐水中,充分混匀,离心(3 500 r/min,10 min),收集菌体,将菌体充分悬浮于 5 mL 生理盐水中。

2）取 1 mL 菌悬液于平皿中,倾入约 15 mL 融化并冷却至 45～50 ℃的基本培养基,摇匀,待凝固后即为待测平板。

3）将待测平板底背面划分为 3 个区域,在培养基表面 3 个区域分别贴上蘸有氨基酸混合液、维生素混合液、核酸水解液的滤纸片,30 ℃培养 24 h,观察滤纸片周围菌落生长情况。只有蘸有氨基酸混合液纸片周围生长的菌株,即为氨基酸缺陷型菌株。

## 五、实验结果

确定经紫外线诱变后获得的营养缺陷属三大类营养物质的哪一大类。计算突变率。

如果要对缺陷株的具体营养要素化学组成进行确定,通常也需采用生长谱法测定。以氨基酸缺陷型菌株的营养要求的鉴定为例加以说明。

首先将属于氨基酸缺陷的突变株用基本培养基经倾注而制成待测平板。将待测平板背面用记号笔划为 6 个区域,在其上 6 个区域分别贴上蘸有各组氨基酸混合液的滤纸片,培养后观察滤纸片周围微生物生长圈。确定该待测菌株对单一氨基酸营养的要求。

## 六、注意事项

(1)紫外处理时保护自己。
(2)需保证使用纯种菌株制备培养液。
(3)含抗生素平板的制备注意温度。
(4)所取菌悬液的量必须准确。
(5)严格无菌操作。

## 七、思考题

(1)解释各个组的基本培养基都没有长出菌落,完全培养基都长出了菌落的原因。
(2)计算的是突变个体所占比例,这和突变率(每细胞每世代发生多少个突变事件)有什么区别?

（3）自发和诱变两种筛选各有什么优缺点？

（4）本实验筛选到的这些突变个体除了具备营养缺陷之外，还有什么后果？

# 实验十一　紫外线诱变育种

## 一、实验目的

1. 通过实验，观察紫外线对枯草芽孢杆菌的诱变效应。

2. 学习物理因素诱变育种的方法。

## 二、实验原理

紫外线对微生物有诱变作用，主要引起的是 DNA 分子结构发生改变（同链 DNA 的相邻嘧啶间形成共价结合的胸腺嘧啶二聚体），从而引起菌体遗传性变异。

## 三、实验材料和仪器

1. 菌种

枯草芽孢杆菌。

2. 仪器

血球计数板，显微镜，紫外线灯（15 W），电磁搅拌器，离心机。

## 四、实验内容

1. 菌悬液的制备

（1）取培养 48 h 的枯草芽孢杆菌的斜面 4～5 支，用无菌生理盐水将菌苔洗下，并倒入盛有玻璃珠的小三角烧瓶中，振荡 30 min，以打碎菌块。

（2）将上述菌液离心（3 000 r/min，15 min），弃去上清液，将菌体用无菌生理盐水洗涤 2～3 次，最后制成菌悬液。

（3）用显微镜直接计数法计数，调整细胞浓度为每毫升 $10^8$ 个。

2. 平板制作

将淀粉琼脂培养基溶化后，冷却至 55 ℃ 左右时倒平板，凝固后待用。

3. 紫外线处理

（1）将紫外线灯开关打开，预热约 20 min。

（2）取直径 9 cm 无菌平皿 2 套，分别加入上述菌悬液 5 mL，并放入无菌搅拌棒于平皿中。

（3）将盛有菌悬液的两平皿置于磁力搅拌器上，在距离为 30 cm、功率为 15 W 的紫外线灯下分别搅拌照射 1 min 及 3 min。

4. 稀释

在红灯下，将上述经诱变处理的菌悬液以 10 倍稀释法稀释成 $10^{-1}$～$10^{-6}$（具体可按估计的存活率进行稀释）。

5. 涂平板

取 $10^{-4}$、$10^{-5}$、$10^{-6}$ 三个稀释度涂平板，每个稀释度涂平板 3 只，每只平板加稀释菌液

0.1 mL,用无菌玻璃刮棒涂匀。以同样操作,取未经紫外线处理的菌稀释液涂平板作对照。

6．培养

将上述涂匀的平板,用黑布(或黑纸)包好,置于 37 ℃培养 48 h。注意每个平皿背面要标明处理时间和稀释度。

7．计数

将培养 48 h 后的平板取出进行细菌计数,根据对照平板上菌落数,计算出每毫升菌液中的活菌数。同样计算出紫外线处理 1 min、3 min 后的存活细胞数及其致死率。

$$存活率 = \frac{处理后每毫升活菌数}{对照每毫升活菌数} \times 100\%$$

$$致死率 = \frac{对照每毫升活菌数 - 处理后每毫升活菌数}{对照每毫升活菌数} \times 100\%$$

8．观察诱变效应

将细胞计数后的平板,分别向菌落数在 5~6 个的平板内加碘液数滴,在菌落周围将出现透明圈。分别测量透明圈直径与菌落直径,并计算其比值(*HC* 值)。与对照平板进行比较,根据结果,说明诱变效应。并选取 *HC* 比值大的菌落移接到试管斜面上培养。此斜面可作复筛用。

## 五、实验结果

将实验结果填入表 1-7 和表 1-8。

表 1-7　诱变条件的选择

| 诱变剂 | 处理时间 | 稀释位数 |
|---|---|---|
| | | $10^{-4}$、$10^{-5}$、$10^{-6}$ |
| | | 平均菌数 |
| 紫外线（UV） | 0（对照） | |
| | 1 | |
| | 2 | |

表 1-8　致死率的计算

| 结果处理 | 透明圈和菌落直径大小(mm)及其 HC 比值 | | | | | | | | | | | | | | | | | |
|---|---|---|---|---|---|---|---|---|---|---|---|---|---|---|---|---|---|---|
| | 1 | | | 2 | | | 3 | | | 4 | | | 5 | | | 6 | | |
| | 透明圈 | 菌落 | HC 比值 | 透明圈 | 菌落 | HC 比值 | 透明圈 | 菌落 | HC 比值 | 透明圈 | 菌落 | HC 比值 | 透明圈 | 菌落 | HC 比值 | 透明圈 | 菌落 | HC 比值 |
| UV 处理 | | | | | | | | | | | | | | | | | | |
| 对照 | | | | | | | | | | | | | | | | | | |

## 六、思考题

(1)用于诱变的菌悬液(或孢子悬液)为什么要充分振荡?

(2)经紫外线处理后的操作和培养为什么要在暗处或红光下进行?

# 实验十二　微波诱变育种

## 一、实验目的

1.通过实验,观察微波对枯草芽孢杆菌的诱变效应。

2.掌握微波诱变育种的方法。

## 二、实验原理

微波作为一种高频电磁波,能刺激水、蛋白质、核苷酸、脂肪和碳水化合物等极性分子快速振动。在 2 450 MHz 频率作用下,水分子能在 1 s 内来回振动 $2.45 \times 10^8$ 次。这种振动引起摩擦,使得单孢子悬液内 DNA 分子间强烈摩擦,孢子内 DNA 分子氢键和碱基堆积化学力受损,引起 DNA 结构发生变化,从而发生遗传变异;微波具有传导作用和极强的穿透力,在引起细胞壁分子间强烈振动和摩擦时,改变其通透性,使细胞内含物迅速向胞外渗透。在试验中,究竟是微波辐射直接作用于微生物 DNA 引起变异,还是其穿透力使细胞壁通透性增加,导致核质变换而引起突变,目前尚不明了,有待进一步研究。

## 三、实验试剂、材料和仪器

1.材料

生长至对数期大肠杆菌 WH-2 菌液,生理盐水。

2.仪器

小瓶(6 个),滚管(7 个),1 mL 注射器(8 支),5 mL 注射器(6 支),水浴锅(80 ℃)。

## 四、实验内容

**(一)确定诱变时所用的适宜出发菌的浓度**

(1)分别称取 0.075 g 琼脂加入到 7 个滚管中,再将按 40 mL 培养基的量加的储液 A、B、C、D、E、F,葡萄糖和水的溶液分别吸取 4.8 mL 加入到 7 个滚管中,压盖。

(2)分别吸取 9 mL 生理盐水加入到 6 个小瓶中,压盖。

(3)对小瓶和滚管除氧,除氧结束后分别向滚管中用注射器加入 0.1 mL 的 D 液。

(4)对小瓶、滚管和注射器灭菌。

(5)灭菌结束后,将滚管放入水浴锅中保温。将小瓶、注射器和储液 E 放到无菌操作台内,打开紫外灯 20 min。

(6)杀菌结束后,关掉紫外灯,打开风机和照明灯,放入大肠杆菌 WH-2 菌种。给 6 个小瓶分别标上 $10^{-1} \sim 10^{-6}$,然后用 5 mL 注射器吸取 1 mL 菌液加入到 $10^{-1}$ 小瓶中摇匀,再从 $10^{-1}$ 小瓶中吸取 1 mL 加入到 $10^{-2}$ 小瓶中摇匀,以此类推,配好 $10^{-1} \sim 10^{-6}$ 浓度的菌悬液。

（7）在给滚管接菌前，待从水浴锅中取出的滚管温度不烫手时先吸取 0.1 mL 储液 E 注入滚管，然后再接入 0.2 mL 的菌液，摇匀后，再水平转几圈，除掉气泡，使培养基均匀摊开，迅速放到冰上快速滚动。以此类推，做好 $10^{-1} \sim 10^{-6}$ 浓度的菌悬液的滚管，贴上标签后放入培养箱中 37 ℃培养 2 天。

（8）观察不同浓度的菌的生长状况。

**（二）确定最佳的微波诱变时间**

（1）分别称取 0.075 g 琼脂加入到 8 个滚管中，再将按 45 mL 培养基的量加的储液 A、B、C、F、CMC 和水的溶液分别吸取 4.8 mL 加入到 8 个滚管中，压盖。

（2）分别吸取 9 mL 生理盐水加入到 4 个小瓶中，再吸取 45 mL 生理盐水加入到大瓶中，压盖，另外的 7 个小瓶直接压盖。

（3）对小瓶、大瓶和滚管除氧，除氧结束后分别向滚管中用注射器加入 0.1 mL 的 D 液。

（4）对小瓶、大瓶、滚管和注射器灭菌。

（5）灭菌结束后，将滚管放入水浴锅中保温。将小瓶、注射器和储液 E 放到无菌操作台内，打开紫外灯 20 min。

（6）杀菌结束后，关掉紫外灯，打开风机和照明灯，放入大肠杆菌 WH-2 菌种。给 4 个小瓶分别标上 $10^{-1} \sim 10^{-4}$，大瓶标上 $10^{-5}$，然后用 5 mL 注射器吸取 1 mL 菌液加入到 $10^{-1}$ 小瓶中摇匀，再从 $10^{-1}$ 小瓶中吸取 1 mL 加入到 $10^{-2}$ 小瓶中摇匀，以此类推将菌液稀释到 $10^{-4}$，再吸取 5 mL 的 $10^{-4}$ 的菌悬液加入到大瓶中，制好 50 mL $10^{-5}$ 的菌悬液。最后分别吸取 5 mL 的 $10^{-5}$ 的菌悬液加入到 7 个空的小瓶中作为诱变菌。

（7）将小瓶浸入盛冰水混合物的烧杯中，放到微波炉中开中低火分别诱变 30 s、60 s、90 s、120 s、150 s、180 s、300 s。诱变结束后标记后立即放入冰箱中。

（8）诱变结束后，在给滚管接菌前，待从水浴锅中取出的滚管温度不烫手时先吸取 0.1 mL 储液 E 注入滚管，然后再接入 0.2 mL 的没经过诱变的菌悬液，摇匀后，再水平转几圈，除掉气泡，使培养基均匀摊开，迅速放到冰上快速滚动。以此类推，做好诱变时间为 30 s、60 s、90 s、120 s、150 s、180 s、300 s 时浓度的菌悬液的滚管，贴上标签后放入培养箱中 37 ℃培养 2 天。

## 五、实验结果

计算不同诱变时间菌的致死率。

$$致死率 = \frac{对照菌落数 - 诱变菌落数}{对照菌落数}$$

计算不同诱变时间菌正突变率。

正突变率 = [（透明圈直径/菌落直径）大于对照（透明圈直径/菌落直径）的个数]/诱变菌落数。选择致死率适合时正突变率最大的。

## 六、思考题

诱变过程中致死率有什么要求？

# 实验十三　超声波诱变育种

## 一、实验目的

1. 通过实验,观察超声波对枯草芽孢杆菌的诱变效应。
2. 掌握超声波诱变育种的方法。

## 二、实验原理

超声波有很强的生物学效应,其作用机理主要就是空化作用。空化作用是指在超声波作用下,液体中的微小气泡或空穴所发生的一系列振荡、扩大、收缩乃至崩溃。空化泡绝热收缩至崩溃瞬间,泡内可达到 5 000 ℃以上的高温和几千个大气压,并伴有强大的冲击波或射流等,这足可以改变细胞的壁膜结构,使细胞内外发生物质交换,甚至是发生突变。超声波作用于工业微生物并产生生物学效应已有一些报道。影响超声波诱变的因素主要包括功率、频率、作用时间等,因此研究利用超声波诱变时的这三种因素的水平是诱变育种的关键。

## 三、实验试剂、材料和仪器

1. 培养基的配制

(1)斜面培养基:1%大豆蛋白胨,0.3%牛肉膏(总氮≥13%),0.5%氯化钠,0.1%葡萄糖,2.0%琼脂,pH=7.2。

(2)种子培养基:3%葡萄糖,2%大豆蛋白胨(总氮≥9%),0.2%硫酸镁,0.1%磷酸氢二钾,0.2%磷酸二氢钾,0.03%氯化钙,pH=6.0。

(3)发酵培养基:4%蔗糖,0.3%酪蛋白,0.4%磷酸氢二钾,0.4%磷酸二氢钾,0.02%氯化钙,4%豆粕粉浸提液,pH=7.0。

(4)酪蛋白平板培养基:1%酪蛋白,0.5%酵母提取物,0.9%氯化钠,2.0%琼脂,pH=7.4。

2. 试剂

大豆蛋白胨,可溶性淀粉,酪蛋白,琼脂,琼脂糖,凝血酶,纤维蛋白原等。

3. 仪器

JBT/C-YCL400/3P 可调式超声波药品处理机,SK-1 快速混匀器,BCN-1360 超级洁净工作台等。

## 四、实验内容

1. 传代活化

将试管斜面菌种转接到传代培养基斜面上,37 ℃培养 24 h,取出,4 ℃冰箱保存。

2. 种子培养

在 250 mL 锥形瓶中分别装入无菌的 50 mL 种子培养基,分别接入 1 环已活化的 T-3 纳豆杆菌菌种,在 37 ℃、180 r/min 的条件下振荡培养 9 h,此为一级 T-3 纳豆菌种液;再将一级菌种液按 3%（*V/V*）比例接种到分装有 50 mL 培养基的 250 mL 锥形瓶中,继续培养 14 h,此时菌种的 $OD_{600}$ 达到 1.50,菌种生长活力强,可以作为二级菌种液备用。

3. 产酶培养

在 250 mL 锥形瓶中分别装入无菌的 50 mL 发酵培养基,再将二级菌种液按 3%（*V/V*）比例接种到发酵培养基中,在 37 ℃、180 r/min 的条件下振荡培养 3 d。超声波法诱变 T-3 纳豆杆菌取菌悬液 2 mL,于无菌离心管中,进行超声波处理,研究不同超声功率（320 W 和 220 W）、频率（24 kHz、38 kHz、46 kHz、52 kHz、68 kHz、70 kHz、72 kHz）、时间（10 min、20 min、30 min、40 min、50 min）条件下的诱变效果,初步确定诱变条件,再通过正交试验优化诱变条件,根据优化得到的诱变条件处理菌悬液。将诱变处理后的菌悬液按照梯度稀释后,将不同的稀释度分别涂布于酪蛋白平板培养基,并以未经诱变处理的菌株作对照,37 ℃,避光培养 48 h,观察透明圈的大小,选择透明圈直径与菌落直径比大且清晰的菌落进一步摇瓶复筛,按照摇瓶发酵所得到的纳豆激酶活力大小选出产酶较高的突变菌株。

任何诱变剂都同时具有致死和诱变的双重效应,因此需要测定出发菌株经诱变后的致死率曲线,待诱变处理的菌液长出菌落后进行计数,以未经诱变的菌液作对照,计算致死率。

任何诱变剂的诱变效果都有正、反两方面,在诱变育种研究中,只有正向的突变才是所需要的,因此诱变时需要测定产生有利性状的比例,即正突变率。

## 五、实验结果

按照如下公式计算致死率和突变率:

$$致死率 = \frac{未被处理菌体长出的菌落数 - 菌体长出的菌落数}{未被处理菌体长出的菌落数} \times 100\%$$

$$正突变率 = \frac{性状提高的菌落数}{基本菌落数} \times 100\%$$

## 六、思考题

简述超声波诱变的原理。

# 实验十四　亚硝基胍诱变育种

## 一、实验目的

1. 了解亚硝基胍诱变育种的实验原理。
2. 掌握亚硝基胍诱变育种的实验操作。

## 二、实验原理

碱基类似物主要有嘧啶类似物、嘌呤类似物两大类。常用的嘧啶类似物有 5-溴尿嘧啶、5-氟尿嘧啶、6-氮杂尿嘧啶等。嘌呤类似物有 2-氨基嘌呤 6-巯基嘌呤等。烷化剂是诱发突变中一类有效的化学诱变剂,烷化剂分为单功能烷化剂和双功能烷化剂以及多功能烷化剂。烷化剂功能基团越多,对微生物毒性越大,诱变作用越强;但由于死亡率高,存活率低,总的突变率也相应降低,所以诱变效应也就较差。烷化剂的性质较活泼,不太稳定,在水中易分解,所以,一般要现用现配,保藏时要注意避光。常用的烷化剂主要是1-甲基-3-硝基-1-亚硝基胍(简称亚硝基胍,NTG)、甲基磺酸乙酯(EMS)、硫酸二乙酯(DES)和乙烯亚氨。移码诱变剂系指能够引起分子中组成遗传密码的碱基发生移位、复制,致使遗传密码发生相应碱基位移重组的一类化学诱变物质,主要为吖啶类杂环化合物,常用的有吖啶橙和原黄素两种。

## 三、实验试剂、材料和设备

1. 培养基

(1)斜面培养基:1% 大豆蛋白胨,0.3% 牛肉膏(总氮≥13%),0.5% 氯化钠,0.1% 葡萄糖,2.0% 琼脂,pH=7.2。

(2)种子培养基:3% 葡萄糖,2% 大豆蛋白胨(总氮≥9%),0.2% 硫酸镁,0.1% 磷酸氢二钾,0.2% 磷酸二氢钾,0.03% 氯化钙,pH=6.0。

(3)发酵培养基:4% 蔗糖,0.3% 酪蛋白,0.4% 磷酸氢二钾,0.4% 磷酸二氢钾,0.02% 氯化钙,4% 豆粕粉浸提液,pH=7.0。

(4)酪蛋白平板培养基:酪蛋白1%,酵母提取物 0.5%,氯化钠 0.9%,琼脂 2.0%,pH=7.4。

2. 试剂

亚硝基胍(NTG),琼脂糖,凝血酶,纤维蛋白原。

3. 仪器

SK-1 快速混匀器,HGCE-F160 恒温振荡培养箱,BCN-1360 超级洁净工作台。

## 四、实验内容

(1)菌种活化:将试管斜面菌种转接到传代培养基斜面上,37 ℃培养 24 h,取出,4 ℃冰箱保存。

(2)制备菌悬液:取新鲜的斜面菌,用 pH=6.0 的 0.1 mol/L 磷酸缓冲液洗下菌体,经离心洗涤,用缓冲液制成菌悬液,浓度为 $10^6$ cfu/mL。

(3)配制 NTG 溶液:由于 NTG 水溶性较差,所以在配制时先用少量的丙酮溶解,然后再加入缓冲溶液,其比例为 9∶1,先取 9 mL 缓冲液和 1 mL 的亚硝基胍丙酮溶液配制成浓度为 1 mg/mL 的 NTG 母液溶液。使用时取母液 0.2 mL 加入菌悬液 1.8 mL,即为处理浓度为 0.1 mg/mL 的条件,同理配制处理浓度为 0.2 mg/mL、0.3 mg/mL、0.4 mg/mL、0.5 mg/mL 的溶液。

(4)将以上菌悬液和 NTG 溶液混合于一个试管内,研究不同亚硝基胍处理时间和不同浓度亚硝基胍诱变的效果。终止反应时用生理盐水稀释 50 倍,离心洗涤,重复 3 次,除去药物。加入种子培养基,在冰水浴 2 h。离心除去培养基,用无菌水使沉淀悬浮并按照 10 倍浓度梯度稀释法稀释之后涂布于酪蛋白平面培养基 37 ℃避光培养 48 h。并以相同的操作取未经诱变处理的菌液稀释涂布平板避光培养相同时间作为对照。挑取透明圈直径与菌落直径比大者转接到发酵培养基中进一步摇瓶复筛,选出产酶较高的突变菌株。

（5）遗传稳定性试验:将诱变所得到的突变株进行连续 15 次转接斜面传代活化,分别取 3 次、6 次、9 次、12 次、15 次的传代菌体进行摇瓶发酵,检测酶活力,采用 SAS 8.2 统计软件对菌株产纳豆激酶活力进行 One-Way-ANOVA 分析以及 Duncan 分析,检验遗传稳定性。

## 五、实验结果

按照如下公式计算致死率和突变率:

$$致死率=\frac{未被处理菌体长出的菌落数-菌体长出的菌落数}{未被处理菌体长出的菌落数}\times100\%$$

$$正突变率=\frac{性状提高的菌落数}{基本菌落数}\times100\%$$

## 六、思考题

简述亚硝基胍诱变的过程。

# 实验十五　菌种的保藏

## 一、实验目的

1. 掌握细菌的一般保藏原理和方法。
2. 掌握甘油保种技术。
3. 了解菌种衰退的原理。

## 二、实验原理

菌种保藏是指将微生物的菌种经长时间的保存,不污染其他杂菌及可保持其形态特征和生理性状,减少变异,防止衰老,以便于将来使用。

菌种在传代过程中,原有的生产性状会逐渐下降,这就是菌种的衰退。衰退由菌株的自发突变引起,一旦发现衰退,就必须立即进行复壮。所谓复壮,就是通过纯种分离和性能测定等方法从衰退的群体中找到未衰退的个体,已达到恢复该菌株原有形状的一种措施。要防止衰退,关键是做好菌种的保藏工作,即创造一定的物理和化学条件,如低温、干燥、缺氧气或缺养料等来降低微生物细胞内酶的活性,使微生物代谢作用缓慢,甚至处于休眠状态。所以保藏菌种一般是选用它的休眠体,如孢子、芽孢等,并且要创造一个低温、干燥、缺氧、避光和缺少营养的环境条件,以利于休眠体能长期地处于休眠状态。对于不产孢子的微生物,应使其新陈代谢处于最低状态,又不会死亡,从而达到长期保存的目的。

## 三、实验试剂、材料和仪器

1. 培养基

培养基:PDA 培养基。

2.仪器

30%甘油,接种环,试管斜面,酒精灯,超净工作台,移液管,1 mL 移液枪,5 mL 移液枪(1 mL、5 mL),枪头,恒温培养箱等。

## 四、实验内容

(1)斜面低温保藏法:此法为最常用的一种。一般霉菌、放线菌和有芽孢的细菌可保存 2~4 个月,酵母菌可保存 2 个月,无芽孢的细菌最好每周移接一次。

操作过程如下:选取生长健壮的菌种,于其试管带棉塞的上半部用灭菌的塑料包扎好,以防棉塞受潮感染杂菌。置于 4 ℃冰箱中保藏。

(2)液状石蜡保藏法:此法可用不分解石蜡的菌种保藏。保存时间是半年至一年。放线菌、霉菌和产芽孢菌可保藏两年。液状石蜡可防止培养基水分的蒸发而引起的菌种死亡,同时可阻止氧气进入,防止好氧菌的生长,从而延长菌种保藏的时间。但需注意的是试管必须直立放置,并且不便携带。操作过程如下:

1)液状石蜡的灭菌:将液状石蜡装入锥形瓶中,量不超出锥形瓶体积的 1/3,塞上棉塞,包扎好后,进行高压蒸汽灭菌两次(120 ℃,30 min)。再在 110~120 ℃干燥箱中蒸发掉蒸汽灭菌时带入的水分。此时石蜡透明清亮状。经检验确定无菌后备用。

2)菌种培养:挑取前一次纯化的健壮单菌落保藏。

3)加液状石蜡:用无菌管吸取液状石蜡加入菌种试管中,以高出菌种斜面顶点 1 cm 为宜。少了会因培养基露出油面,而使培养基变干造成菌死亡。

4)收藏:试管上部用塑料包扎好,垂直立于冰箱中 4 ℃。

5)恢复使用:当要使用菌种时,倾出液状石蜡。此液状石蜡可再灭菌重复使用。接种培养,由于菌体外粘有油,第一次的菌生长缓慢,性状恢复不是很好,所以要再移植一次才能得到良好的菌种。

## 五、实验结果

分析保存情况,菌体活化情况。

## 六、思考题

除了上述两种菌种保藏方法外还有哪些保藏法,其各自的优点是什么?

# 实验十六　菌种生长曲线和产物合成曲线的绘制

## 一、实验目的

1.通过细菌数量的测量,了解所筛选的菌种的生物特征和生长规律,使学生掌握基本的科研应用能力。

2.通过学习生长线和产物合成曲线绘制,使学生具有熟练操作办公软件的数据处理和分析能力。

3.通过讲解功能性高产菌的选育过程及其科学家的研发过程,引导大学生将远大的理想与对祖国的高度责任感、使命感结合起来,继承爱国主义的优良传统,弘扬中国精神,做一个忠诚的爱国者。

## 二、实验原理

将少量微生物接种到一定体积的新鲜培养基中,在适宜的条件下培养,定时测定培养液中微生物的生长量(吸光度或活菌数的对数),以生长量为纵坐标,培养时间为横坐标绘制的曲线就是生长曲线,它反映了微生物在一定环境条件下的群体生长规律。依据生长速率的不同,一般可把生长曲线分为延滞期、对数期、稳定期和衰亡期四个阶段。这四个时期的长短因菌种的遗传特性、接种量和培养条件而异。因此,通过微生物生长曲线的测定,可了解微生物的生长规律,对于科研和生产实践都具有重要的指导意义。

测定微生物的数量有多种方法,如血球计数法、平板活菌计数法、称重法、比浊法等。本实验采用比浊法来测定。由于菌悬液的浓度与吸光度($A$)成正比也称光密度比浊法,只要用分光光度计测得菌液的吸光度后与其对应的培养时间作图,即可绘出该菌株的生长曲线,此法快捷、简便。

产物形成曲线就是产物产量对培养时间的曲线。工业发酵的目的是为了收获产物,因此必须搞清产物积累最高时所需的发酵时间。如果提前终止发酵,营养物质还没有完全被利用,发酵液中的产物量偏低;如果发酵时间过长,一方面产物可能会分解,另一方面也降低了设备利用率。因此,学会生长曲线和产物形成曲线的测定对工业发酵具有非常重要的指导意义。

## 三、实验试剂、材料和仪器

1. 菌种

酿酒酵母。

2. 培养基

基础培养基:葡萄糖10%,蛋白胨5%,酵母膏2%。

3. 仪器

高压蒸汽灭菌锅、超净工作台、分光光度计、恒温培养箱、酒精计。

## 四、实验内容

1. 生长曲线的测定

(1)配制培养基,250 mL 三角瓶装100 mL 培养基,一共28瓶,0.1 MPa 灭菌20 min,备用。

(2)菌种活化:活性干酵母1 g,100 mL 2%的蔗糖溶液中(35~38 ℃),摇匀,置于30~32 ℃恒温箱中活化1~2 h,即得1%的 ADY 活化液。

(3)吸取2 mL 活化液接入装有100 mL YPD 培养基的三角瓶中。

(4)将三角瓶放入恒温培养箱中,35 ℃培养144 h。

(5)每隔12 h 拿出2瓶(包括0 h),以不接种的培养基作对照,在560 nm 处测吸光度,离心测菌体浓度,填入表1-9中。

(6)以培养时间为横坐标、吸光度为纵坐标,绘制生长曲线。

2. 产物形成曲线的测定

24 h 后,每隔 12 h 取出 2 瓶,在进行生长量测定的同时,进行产物形成量的测定,以培养时间为横坐标,产物形成量为纵坐标,做出产物形成曲线。

## 五、实验结果

将实验数据填入表1-9中。

**表1-9　培养时间对菌体生长量和产物形成量的影响**

| 培养时间/h | 0 | 2 | 4 | 6 | 8 | 10 | 12 | 14 | 16 | 18 | 20 | 22 | 24 |
|---|---|---|---|---|---|---|---|---|---|---|---|---|---|
| $A_{560\,nm}$ | | | | | | | | | | | | | |
| 菌体浓度/% | | | | | | | | | | | | | |
| 酒精度/%(体积分数)(20 ℃) | | | | | | | | | | | | | |

## 六、注意事项

(1)各瓶的接种量、培养条件应一致。

(2)若吸光度太高,可适当稀释后再测定。

(3)因培养液中含有较多的颗粒性物质(包括菌体),测吸光度时应马上读数,否则,颗粒沉淀,影响测定结果。稀释 10 倍后测定是可行的办法。若要精确测定,可用活菌计数法,在营养琼脂上观察生长的菌落数,但应掌握好稀释倍数。

## 七、思考题

(1)如果每次从同一摇瓶中取出 1 mL 进行测定,那么会对结果产生怎样的影响?

(2)比较生长曲线与产物形成曲线,从中可以得出哪些结论?

(3)测定生长曲线时,除了本实验所用的分光光度计比浊法外,还有哪些方法? 它们各有哪些优缺点?

# 第二章　发酵工艺的优化

## 实验一　单因素实验

### 一、实验目的

1.掌握淀粉酶产生菌营养条件单因素实验技术,让学生自己设计并选择因素和水平,使学生具备基本的实验设计能力。

2.掌握发酵条件碳源和氮源优化过程,使学生具备自主实验能力。

3.通过介绍华罗庚教授(1910—1985年)在我国倡导与普及的"优选法"(国外称为"裴波那契法"),就是单因素的最佳调试法,了解科学研究是各种思想各种领域的融合,培育学生的文化自信、文化认同,为实现建设中国特色社会主义的共同理想、实现中华民族的伟大复兴而努力奋斗。

### 二、实验原理

单因素实验设计是指在实验中只有一个研究因素,即研究者只分析一个因素对效应指标的作用,但单因素实验设计并不是意味着该实验中只有一个因素与效应指标有关联。单因素实验设计的主要目标之一就是如何控制混杂因素对研究结果的影响。常用的控制混杂因素的方法有完全随机设计、随机区组设计和拉丁方设计等。

对于一个生物作用过程,其结果或产物的得到受到多种因素的影响。如发酵中,菌种接入量,酶的浓度,底物浓度,培养温度,pH值,菌种生长环境中的氧气、二氧化碳浓度,各种营养成分种类及其比例等。对于这种多因素的实验,如何合理地设计实验,提高效率,以达到所预期的目的是需要进行认真考虑和周密准备的。

### 三、实验试剂、材料和设备

1.样品

酵母菌,宋河集团有限公司提供。

2.培养基

(1)YPD固体培养基:葡萄糖10 g,蛋白胨10 g,酵母膏5 g,琼脂10 g,蒸馏水定容至500 mL。

(2)YPD液体培养基:葡萄糖10 g,蛋白胨10 g,酵母膏5 g,蒸馏水定容至500 mL。

(3)TTC下层培养基:即YPD固体培养基。

(4)TTC上层培养基:葡萄糖10 g,琼脂10 g,蒸馏水定容至500 mL。

(5)发酵培养基:葡萄糖40 g,蛋白胨10 g,酵母膏5 g,蒸馏水定容至500 mL。

培养基均在 121 ℃下灭菌 20 min。

3. 试剂

蛋白胨,95% 酒精,葡萄糖,蔗糖,酵母膏,重铬酸钾,琼脂,蒽酮,浓硫酸,麦芽糖,TTC,甘油等,均为分析纯。

4. 仪器

UV5100 紫外可见分光光度计,JJ CJ2FD 型超净工作台,1011 型电热鼓风干燥箱,DHP9162 型电子恒温培养箱,ZHWY2101C 型双层恒温培养振荡器,SYQ PSX280B 型手提式不锈钢压力蒸汽灭菌锅。

## 四、实验内容

1. 最适发酵温度

取一环菌种接种于 YPD 液体培养基中,分别在 26 ℃、28 ℃、30 ℃、32 ℃下培养 5 d,测定酒精得率。

2. 最适发酵 pH

分别挑取一环菌种接种于 pH 为 3.0、4.0、5.0、6.0、7.0、8.0、9.0 的 YPD 液体培养基中,培养 5 d,测定酒精得率。

3. 最适发酵转速的测定

取一环菌种接种于 YPD 液体培养基中,分别在 70 r/min、80 r/min、90 r/min、100 r/min、110 r/min、120 r/min 转速下恒温培养 5 d,测定酒精得率。

4. 最适装液量的测定

分别配制体积为 50 mL、100 mL、150 mL、200 mL 的 YPD 液体培养基,依次接种已经培养 12 h 的菌种 1 mL、2 mL、3 mL、4 mL。在恒温摇床培养 5 d,测定酒精得率。

5. 最适接种量测定

取一环菌种接种于 YPD 液体培养基中,在最适发酵条件下培养 18 h,分别取 1 mL、2 mL、3 mL、4 mL、5 mL、6 mL、7 mL、8 mL、9 mL、10 mL 接种于 100 mL 的 YPD 液体培养基中。恒温摇床培养 5 d,分别测定酒精转化率。

6. 最佳碳源

在其他条件不变的情况下,改变碳源,分别配制含有葡萄糖、蔗糖、甘油的液体培养基,接种后在最适发酵条件下培养 5 d 后,测定酒精得率。

7. 最佳氮源

在其他条件不变的情况下,改变氮源,分别配制含有蛋白胨、$KNO_3$、$(NH_4)_2SO_4$ 的液体培养基,接种后在最适发酵条件下培养 5 d,测定酒精得率。

## 五、实验结果

以菌体量为纵坐标,以发酵条件为横坐标,绘制折线图,找出最适的发酵条件。

## 六、思考题

如何进行单因素实验设计?

# 实验二 正交优化实验

## 一、实验目的

1. 了解发酵工艺培养条件变化的基本原理,使学生具备实验设计能力。

2. 掌握水平正交表的制作技术,具备数据处理软件的操作能力。

3. 通过团队协作完成实验操作过程,培育学生开拓进取、团队奉献的科学精神,增强学生爱国意识和家国情怀。

## 二、实验原理

对于一个生物作用过程,其结果或产物的得到受到多种因素的影响。如发酵中,菌种接入量,酶的浓度,底物浓度,培养温度,pH 值,菌种生长环境中的氧气、二氧化碳浓度,各种营养成分种类及其比例等。对于这种多因素的实验,如何合理地设计实验,提高效率,以达到所预期的目的是需要进行认真考虑和周密准备的。

正交实验法是安排多因素、多水平的一种实验方法,即借助正交表的表格来计划安排实验,并正确地分析结果,找到实验的最佳条件,分清因素和水平的主次,这就能通过比较少的实验次数达到好的实验效果。

影响实验指标的因素很多,由于实验条件的限制,不可能逐一或全面地加以研究,因此要根据已有的专业知识及有关文献资料和实际情况,固定一些因素于最佳水平,排除一些次要的因素,而挑选一些主要因素。正交实验设计法正是安排多因素实验的有利工具。当因素较多时,除非事先根据专业知识或经验等,能肯定某因素作用很小而不选取外,对于凡是可能起作用或情况不明或看法不一的因素,都应当选入进行考察。

因素的水平分为定性与定量两种,水平的确定包含两个含义,即水平个数的确定和各个水平数量的确定。对定性因素,要根据实验具体内容,赋予该因素每个水平以具体含义。定量因素的量大多是连续变化的,这就要求实验者根据相关知识或经验、或者文献资料首先确定该因素的数量变化范围,而后根据实验的目的及性质,并结合正交表的选用来确定因素的水平数和各水平的取值。每个因素的水平数可以相等,也可以不等,重要因素或特别希望详细了解的因素,其水平可以多一些,其他因素的水平可以少一些。如果没有特别重要的因素需要详细考察的话,要尽可能使因素的水平数相等,以便减小实验数据处理工作量。

## 三、实验试剂、材料和设备

培养基的配制:可溶性淀粉 2 g,氯化钠 5 g,牛肉膏 5 g ,蛋白胨 10 g,琼脂 20 g,水 1 000 mL。

## 四、实验内容

(1)确定实验的培养条件(因素)和每种组成成分的含量(水平),进行表头设计,如表 2-1。

表 2-1　因素和水平

| 水平 | 因素 | | | |
| --- | --- | --- | --- | --- |
| | 温度/℃ | 转速/(r/min) | 接种量/mL | 空项 |
| 1 | 28 | 160 | 9 | |
| 2 | 30 | 180 | 11 | |
| 3 | 32 | 200 | 13 | |

（2）按照实验设计方案,250 mL 三角瓶每瓶装量 100 mL、121 ℃灭菌 20 min。

（3）接种培养,按照正交表的条件要求进行接种培养。

（4）酶活力测定,测定 1~9 号培养液中提取出来的酶活力。测定出吸光度后,计算出酶活力,填写于表 2-2 中。每组依据自己的酶活力曲线方程进行求解。以蒸馏水或者未接种的发酵液为对照样。

表 2-2　液化性淀粉酶活力测定

| 管号 | 1 | 2 | 3 | 4 | 5 | 6 | 7 | 8 | 9 |
| --- | --- | --- | --- | --- | --- | --- | --- | --- | --- |
| 淀粉稀释液/mL | 2 | 2 | 2 | 2 | 2 | 2 | 2 | 2 | 2 |
| 磷酸缓冲液（pH6.0）/mL | 1 | 1 | 1 | 1 | 1 | 1 | 1 | 1 | 1 |
| 40 ℃水浴保温 5 min | | | | | | | | | |
| 蒸馏水/mL | 1 | 1 | 1 | 1 | 1 | 1 | 1 | 1 | 1 |
| 粗酶液/mL | 1 | 1 | 1 | 1 | 1 | 1 | 1 | 1 | 1 |
| 40 ℃保温 30 min | | | | | | | | | |
| 0.5 mol/L 乙酸/mL | 10 | 10 | 10 | 10 | 10 | 10 | 10 | 10 | 10 |
| 吸取上述反应液体 1 mL 加入对应编号的另外 9 支试管中 | | | | | | | | | |
| 稀碘液/mL | 10 | 10 | 10 | 10 | 10 | 10 | 10 | 10 | 10 |
| 吸光度 $A_{660\ nm}$ | | | | | | | | | |

## 五、实验结果

数据记录及分析:把测定数据填入分析表的实验结果栏内,按表中数据计算出各因素的一水平试验结果总和、二水平试验结果总和、三水平实验结果总和,再取平均值,最后计算极差。从极差的大小确定哪个因素对酶活力影响最大,哪个因素对酶活力影响最小。找出在何种条件下酶活力最高。最后进行正交方差法分析。也可以使用正交设计助手对数据处理。将分析数据写于表 2-3、表 2-4 中,可以打印也可以手写。并对结果进行文字分析。

表2-3 结果分析表

| 行号\因素 | 温度/℃ | 转速 | 接种量 | 空项 | 酶活力 |
|---|---|---|---|---|---|
| 1 | 1 | 1 | 1 | 1 | |
| 2 | 1 | 2 | 2 | 2 | |
| 3 | 1 | 3 | 3 | 3 | |
| 4 | 2 | 1 | 2 | 3 | |
| 5 | 2 | 2 | 3 | 1 | |
| 6 | 2 | 3 | 1 | 2 | |
| 7 | 3 | 1 | 3 | 2 | |
| 8 | 3 | 2 | 1 | 3 | |
| 9 | 3 | 3 | 2 | 1 | |
| $K_1$ | | | | | |
| $K_2$ | | | | | |
| $K_3$ | | | | | |
| $k_1$ | | | | | |
| $k_2$ | | | | | |
| $k_3$ | | | | | |
| $R$ | | | | | |

表2-4 方差分析

| 因素 | 偏差平方和 | 自由度 | $F$ 比 | $F$ 临界值 | 显著性 |
|---|---|---|---|---|---|
| 温度/℃ | | | | | |
| pH | | | | | |
| 接种量 | | | | | |
| 转速 | | | | | |
| 误差 | | | | | |

## 六、思考题

简述正交表的设计原理和方法。

# 实验三　响应面法优化糖基化大豆分离蛋白制备工艺

## 一、实验目的

1. 了解响应面实验设计的基本原理。
2. 掌握响应面设计的制作技术,具备响应面数据处理软件的操作能力。

## 二、实验原理

蛋白质的糖基化是指在糖基转移酶作用下将糖转移至蛋白质,和蛋白质上的氨基酸残基形成糖苷键的过程。为了拓宽大豆分离蛋白(soy protein isolate solution,简称 SPI)的应用范围,对其进行改性处理,糖基化改性之后,新合成的糖基化蛋白在乳化性、溶解性等功能特性方面都有不同程度的提高,就如溶解度而言,经过糖基化处理之后,等电点附近也呈现较好的溶解性。在改善大豆蛋白功能特征方面,它可以成为一种安全有用的处理方式,在食品行业中具有很大的发展空间。目前国内外学者的研究主要集中在改善大豆分离蛋白乳化性,以及其制备的乳化体系在外界环境因素(pH、离子强度、温度变化)下的稳定性。夏秀芳等利用湿热法制备葡萄糖–SPI 复合物,产物的溶解度、乳化活性和乳化稳定性均有明显提高。之前已有人研究了糖基化改性对蛋白质(包括 SPI)功能特性的影响,湿热法研究的较少,而对于糖基化大豆分离蛋白制备的优化工艺多为单因素实验。因此,本实验通过响应面法优化糖基化湿热法制备大豆分离蛋白,并测定大豆分离蛋白糖基化产物的溶解性、乳化性和凝胶强度等,系统分析糖基化对其功能性质的影响,寻找出可应用于多种食品中的高性能食品添加剂。

## 三、实验试剂、材料和设备

1. 样品

大豆分离蛋白,金龙油,购于周口市万果园超市。

2. 试剂

盐酸,OPA,SDS,2–巯基乙醇,硼砂,葡萄糖。

3. 溶液配制

将葡萄糖与大豆分离蛋白按质量比 1∶4 溶解在蒸馏水中,配制成浓度为 0.02 g/mL 的混合液。将葡萄糖与大豆分离蛋白按质量比 1∶4 溶解在蒸馏水中,配制成蛋白质质量浓度为 0.01 g/mL 的混合液。称取 10 g 大豆分离蛋白溶解在蒸馏水中配制成蛋白质质量浓度为 0.02 g/mL 的混合液。将上述混合液放在恒温振荡器中,温度调节为 60 ℃,反应 5 h,得到糖基化产物。

OPA 试剂的配制:先准确称取邻苯二甲醛 50 mg,然后将其溶解在 1 mL 的甲醛溶液中,加入 5 mL 质量分数为 10% 的 SDS,100 μL 的 2–巯基乙醇和 25 mL 的 0.1 mol/L 的硼砂,充分混匀,最后定容至 100 mL,现配现用。

经过不同的条件改变,分析大豆蛋白和糖基化产物在性质上的差异。

4. 主要仪器

E–201–9 pH 计,上海佑科仪器仪表有限公司;THZ–98AB 恒温振荡器,上海一恒科学仪器有限公司;BCD-215-KCM 冰箱,青岛海尔股份有限公司;JJ-2 组织捣碎机,常州华冠仪器制造有限公司;723 可见分光光度计,上海元析仪器有限公司;HWS24 电热恒温水浴锅,上海一恒科技有限公司;AL204 电子天平,梅特勒-托利多仪器(上海)有限公司;HH-S 型水浴锅,巩义市英峪予华仪器厂等。

### 四、实验内容

#### (一)糖基化大豆分离蛋白工艺优化

(1)最适反应温度的确定:将反应时间设置为 50 min,糖的添加量为 8%,在此基础上做温度梯度,40 ℃、50 ℃、60 ℃、70 ℃、80 ℃、90 ℃,然后得到不同反应温度的糖基化产物,然后利用 OPA 比色法测定凝胶强度。

(2)最适反应时间的确定:将反应温度设置为 70 ℃以及糖的添加量为 8%,在此基础上做时间梯度,20 min、30 min、40 min、50 min、60 min,然后得到不同反应时间的糖基化产物,然后利用 OPA 比色法测定凝胶强度。

(3)最适糖添加量的确定:将反应温度设置为 70 ℃和反应时间设置为 50 min,在此基础上依次添加 5%、10%、15%、20%、25%的葡萄糖,得到糖基化产物,利用 OPA 比色法测定凝胶强度。

#### (二)响应面法的优化试验设计

根据单因素实验中确定的反应时间、反应温度的最佳配比范围,进行响应面实验的设计。按照软件设计的实验方案,进行实验研究。对于利用糖基化处理来改变大豆分离蛋白凝胶性的强度分析,采用 OPA 比色法,即是邻苯二甲醛比色法。用移液管量取 OPA 试剂 5 mL 置于试管中,然后用移液枪取 200 μL 的样品液(10 mg/mL),充分混匀后,在 35 ℃水浴反应 3 min,并对 OPA 试剂中加入 200 μL 的蒸馏水为实验对照,测量 340 nm 处吸光度。

$$DG\% = (A-B)/A \times 100$$

其中 $A$ 和 $B$ 分别为 $t$ 时刻样品溶液和试验对照样品的吸光度。

#### (三)糖基化处理对大豆分离蛋白溶解性的影响

将 0.02 g/mL 大豆分离蛋白、0.02 g/mL 糖基化大豆分离蛋白、0.01 g/mL 糖基化大豆分离蛋白 3 种样品分别取 10 mL 于烧杯中,同样也将实验前配制好的 1.6 mol/L 盐酸取 10 mL 倒入小烧杯中,然后用胶头滴管分别滴加 1 000 μL、200 μL、300 μL、400 μL 盐酸调节 pH 分析糖基化大豆分离蛋白的溶解性。

#### (四)糖基化处理对大豆分离蛋白乳化程度的影响

根据 Pearce 和 Kinsella 的实验方法,进行改良研究。将 0.01 g/mL 大豆分离蛋白溶液和 0.01 g/mL 的糖基化大豆分离蛋白溶液,分别量取 25 mL,定容至 100 mL,得 5 mg/mL 的溶液,接着按金龙油:待测液=1:3 添加 66 mL 待测液、22 mL 金龙油,倒入高速匀浆机中,10 000 r/min 搅拌 1 min,取 200 μL,用质量分数为 0.1%的 SDS 稀释到 10 mL,用质量分数为 0.1%的 SDS 作为实验对照,500 nm 下测吸光值,即为乳化值(EA),记作 $A$,5 min 后仍然使用相同的方法取出 200 μL,用 0.1%的 SDS 稀释到 10 mL,用 0.1%的 SDS 作为试验对照,500 nm 下测吸光值,记作 $B$。

乳化稳定性公式如下：

$$Es = A/B \times 100$$

按照上述方法，分别配制 0.01 g/mL、0.03 g/mL、0.05 g/mL、0.07 g/mL 浓度的糖基化大豆分离蛋白溶液，按照上述方法分别处理 10 min、30 min、50 min、80 min、110 min，取出 200 μL，用 0.1% 的 SDS 稀释到 10 mL，用 0.1% 的 SDS 作为试验对照，500 nm 下测吸光值，分析糖基化蛋白的浓度和处理时间对其乳化稳定性的影响。

**（五）糖基化处理对大豆分离蛋白热稳定性的影响**

将 0.02 g/mL 大豆分离蛋白溶液和 0.02 g/mL 糖基化大豆分离蛋白溶液置于试管中，然后将分别有 0.02 g/mL 大豆分离蛋白溶液和 0.02 g/mL 糖基化大豆分离蛋白溶液放在水浴锅中（40 ℃、50 ℃、60 ℃、70 ℃、80 ℃），观察沉淀情况。

依据单因素实验结果，以温度、时间、糖的添加量为自变量，凝胶强度为响应值进行响应面实验，实验方案如表 2-5，结果如表 2-6。

表 2-5　实验方案设计

| 水平 | 因素 | | |
|---|---|---|---|
| | A 温度/℃ | B 时间/min | C 糖的添加量/% |
| −1 | 60 | 30 | 5 |
| 0 | 70 | 40 | 10 |
| +1 | 80 | 50 | 15 |

表 2-6　三因素三水平中心组合实验设计

| 实验号 | A | B | C | 凝胶强度 |
|---|---|---|---|---|
| 1 | 1 | 0 | −1 | |
| 2 | 0 | 0 | 0 | |
| 3 | −1 | 1 | 0 | |
| 4 | 0 | 0 | 0 | |
| 5 | 0 | 1 | 1 | |
| 6 | 1 | 1 | 0 | |
| 7 | −1 | −1 | 0 | |
| 8 | 0 | −1 | 1 | |
| 9 | −1 | 0 | −1 | |
| 10 | 0 | 0 | 0 | |
| 11 | 0 | 1 | −1 | |
| 12 | 0 | −1 | −1 | |
| 13 | 0 | 0 | 0 | |
| 14 | 1 | −1 | 0 | |
| 15 | 0 | 0 | 0 | |
| 16 | 1 | 0 | 1 | |
| 17 | −1 | 0 | 1 | |

## 五、实验结果

依据所得数据进行结果分析,填入表2-7。

表2-7 回归系数显著性检验表

| 方差来源 | 自由度 | 平方和 | 均方 | $F$ 值 | $P$ 值 | 显著性 |
|---|---|---|---|---|---|---|
| 回归模型 | | | | | | |
| $A$ | | | | | | |
| $B$ | | | | | | |
| $C$ | | | | | | |
| $A^2$ | | | | | | |
| $B^2$ | | | | | | |
| $C^2$ | | | | | | |
| $AB$ | | | | | | |
| $AC$ | | | | | | |
| $BC$ | | | | | | |
| 残差 | | | | | | |
| 失拟项 | | | | | | |
| 净误差 | | | | | | |
| 总和 | | | | | | |

## 六、思考题

如何进行响应面实验的设计?

# 第三章  发酵过程的放大及其下游技术

## 实验一  发酵罐的构造及操作

### 一、实验目的

1. 熟知发酵罐的结构和管路。
2. 学习空压机的使用。
3. 学习蒸汽发生器的使用。

### 二、实验原理

按照生物反应器的类型,发酵罐可分为三大类:①敞口式发酵,属于繁殖速度快的好氧发酵,例如酵母工业;②半密闭式发酵,如酵母菌等的发酵,大多数情况下属于不是很严格的厌氧发酵;③密闭式发酵,主要是好气性的液体深层培养,要求复杂,但无菌程度高。

发酵罐的主要部件包括以下几部分:罐体,主要用来培养发酵各种菌体,密封性要好(防止菌体被污染);罐体当中有搅拌浆,用于发酵过程当中不停地搅拌;空气处理系统,用来供给菌体生长所需要的空气或氧气;蒸汽净化系统,以供给发酵罐空消及实效所需蒸汽;罐体上有控制传感器,最常用的有 pH 电极和容氧电极,用来监测发酵过程中发酵液 pH 和 $DO$ 的变化。此外有些发酵罐还配备有电气控制系统,用来显示和控制发酵条件等。

### 三、实验试剂、材料和设备

保兴 Bio-tech 2002 发酵罐,空气发生器,空气压缩机。

### 四、实验内容

1. 认识发酵系统的构造,以及各个部分的功能
发酵系统由三大组块构成:空气压缩机,蒸汽发生器,自控发酵罐体。
(1)空气压缩机:用来供给菌体生长所需要的空气或氧气。
(2)蒸汽发生器:供给发酵罐空消及实消所需蒸汽。
(3)罐体:主要用来培养发酵各种菌体,密封性要好(防止菌体被污染);罐体当中有搅拌浆,用于发酵过程当中不停地搅拌;罐体上还有控制传感器,最常用的有 pH 电极和溶氧电极,用来监测发酵过程中发酵液 pH 和 $DO$ 的变化。

2. 空气压缩机的使用

（1）接通电源,将 K1 调整至 Auto 档位。

（2）待电机自动停止加压后,压力指针指为 6。

（3）将调节阀 F 轻轻上提,旋转,调整空气压力为 0.2。

（4）打开 K2。

空气压缩机开启完毕。开启完毕后,只需保证电源,在压力一切正常的条件下,不必有其他操作。

3. 蒸汽发生器的使用

（1）将进水口接好蒸馏水,保证蒸馏水水位正常,连通皮管内充满蒸馏水。

（2）听到蒸馏水不再流向蒸汽发生器时,接通电源,打开电源键 P。

（3）随着不断加热,一段时间后,锅炉内的温度和压力不断上升,压力上升至 $60\ kg/cm^2$,此时加热系统会自动关闭,压力和温度不再上升。

（4）蒸汽发生器开启完毕。开启完毕后,需保证电源和蒸馏水的供应即可。

4. 认识发酵罐的结构,发酵罐空消的流程和具体操作步骤

（1）压缩空气经净化器(外接)进入气源接口、减压稳压器、空气流量计、空气出口进入空气过滤器到达反应器内,经特制的空气分布器分散后,进入培养基,尾气经冷凝器、排气过滤器后排口排出,本管路具有减压、计量、净化作用。

（2）自来水进盘管:自来水经阀 W3、电磁阀 W4、夹套盘管进水口、夹套内置盘管、盘管水出口及冷凝水阀 V1 排出。

（3）自来水进冷凝器:自来水经 W2、冷凝器下部进水口进入冷凝器,冷凝器上部出口排出。

（4）自来水夹套注水:自来水经 W1 进入夹套,经夹套排气阀 V2 排出。

（5）蒸汽经蒸汽阀 S1 进入夹套内盘管对夹套内水加热,冷凝水经阀 V1 排出。

（6）被加热的夹套水产生的蒸汽经夹套上法兰中的平衡口 N8 进入钟罩内,钟罩内的蒸汽冷却后的冷凝水回流进入夹套。

（7）顶部取样阀口 K8 与 K6 连通。

（8）过滤器侧口 K5 与排气过滤器 K2 口连通。

（9）将溶氧电极和 pH 电极装入发酵罐内。

## 五、实验结果

记录实验操作过程。

## 六、思考题

补料瓶如何连接?

# 实验二　发酵罐实罐灭菌操作

## 一、实验目的

1. 学习 pH 电极的标定。

2. 学习溶氧电极的标定。

3. 熟悉蒸汽发生器和空压机的操作。

4. 掌握实罐灭菌的操作原理和方法。

## 二、实验原理

本实验采用分批灭菌,即将培养基置于发酵罐中,用蒸汽加热,达到预定灭菌温度后维持一段时间,再冷却到发酵温度,然后接种进行发酵,这种灭菌又叫实罐灭菌。其特点是原料的灭菌和微生物的发酵在同一罐中进行。优点:设备简单,不需要专门的灭菌设备;操作简单易行。缺点:加热和冷却所需的时间长,降低了发酵罐的利用率,使生产周期延长;无法采用高温短时间的灭菌方法。使用于规模较小的发酵罐。

pH 电极(溶氧电极也一样)标定的原理是通过标准的 pH 缓冲液来校正 pH 电极及信号变送放大过程中引起的测量误差,使控制器检测显示值与标准 pH 缓冲液保持一致,以提高测量精度。

## 三、实验试剂、材料和设备

1. 仪器

保兴 Bio-tech2002 发酵罐,空气发生器。

2. 试剂

pH 标准缓冲液。

## 四、实验内容

1. 加料

将配好的培养基(教学可用自来水)通过加料口添加至发酵罐内,盖好加料口。

2. pH 电极的标定

根据发酵过程的 pH 值变化范围偏酸还是偏碱,可以分为两种情况,偏酸性情况和偏碱性情况。现以偏酸性为例。

进入主菜单,按 F3 进入标定界面,再按 F1 进入 pH 电极标定功能模块。

按 F1:输入缓冲液的温度,一般情况下缓冲液为 25 ℃,标定后测量显示值就是标定值。

取出 pH 电极,用蒸馏水冲洗干净,拿吸水纸吸干,然后插入 6.86 的零点缓冲液中。按 F2 输入标定 pH 零点的缓冲液值 6.86,待基本稳定不变后,根据操作步骤,确认 pH 零点"标定开始";等到 pH 稳定后确认 pH 零点"标定结束"。此时测量值显示为输入的零点值。

将电极从 6.86 的零点缓冲液中取出,用蒸馏水冲洗干净,拿吸水纸吸干,然后插入 4.00 的零点缓冲液中。按 F3 输入标定斜率的缓冲液值 4.00,待基本稳定不变后,根据操作步骤,确认 pH 斜率"标定开始";等到 pH 稳定后确认 pH 斜率"标定结束"。此时测量值显示为输入的斜率值。

为了使标定更加准确,可以重复步骤。

3. 连接管路

取下马达,罐顶盖上保护盖;取下 pH 电极电缆线,盖保护盖;取下消泡电缆;取下溶氧电极电缆,盖好保护盖。

拆下冷凝器上的进出水管(注意出水管中残留的水溅出)。

所有滤器两端均用夹子封闭。

用夹子封闭取样管。

4. 开始灭菌

开夹套排气阀 V2,开夹套进水阀 W1,当阀 V2 出口有水流出关夹套进水阀 W1,再关阀 V2。

移去夹套蒸汽平衡阀 V3,用保护罩盖住发酵罐,并用倾倒螺钉锁紧法兰,开保护罩顶部排气阀 V4。

启动蒸汽发生器。

关进水阀 W3,开冷凝水阀 V1,开蒸汽发生器出口阀、缓缓开蒸汽阀 S1,蒸汽进入夹套内盘管。升温过程中调整阀 V1,节约蒸汽提高效率。

当罩顶部 V4 口有蒸汽排出时,2 min 后关闭 V4,当罐温接近 120 ℃ 或保温温度时,微开阀 V4 适量排气,并调整蒸汽阀 S1 维持罐温。

保温过程应根据罐温及时调整蒸汽阀 S1。

5. 灭菌结束

保温结束后,关蒸汽阀 S1,全开冷凝阀 V1,开水阀 W3,并将温度控制设定为自动。

微开阀 V2 排出夹套内过多的水。

将温度降至 100 ℃ 以下,缓缓开排气阀 V4(排气过大会损坏排气过滤器),使保护罩顶部的压力表指示为零,移去保护罩。

将进气过滤器 K7 口与控制箱左侧空气出口连通,开弹簧夹,对发酵罐进行通气,调整空气流量 3~5 L/min。

将阀 V3 装入 N8 口。消毒结束。

灭菌完毕,请关闭蒸汽发生器并排去蒸汽发生器内的残气。

## 五、实验结果

记录实验过程并分析。

## 六、思考题

简要叙述发酵罐实消的过程。

# 实验三 利用 7 L 发酵罐对地衣芽孢杆菌进行补料分批发酵培养

## 一、实验目的

1. 熟悉利用小型发酵罐进行发酵培养的基本操作。

2. 掌握相关参数的设置及控制方式的设定。

3.熟悉补料速度的校正。

4.掌握高密度培养地衣芽孢杆菌的方法。

## 二、实验原理

地衣芽孢杆菌细胞形态为杆状,呈单生排列,其活菌形式进入人或动物肠道后,对葡萄球菌、酵母菌等致病菌有拮抗作用,而对双歧杆菌、乳酸菌等有促进生长作用,可促使机体产生抗菌活性物质,杀灭致病菌。此外,地衣芽孢杆菌通过夺氧生物效应可以使肠道缺氧从而有利于大量厌氧菌生长,是一种重要的微生物调节剂,目前已大规模应用于"整肠生"等药品及其他保健制剂的制造生产。

由于地衣芽孢杆菌的代谢会受到营养基质、pH、温度、溶解氧等一系列外界条件的影响,因此选择合适的发酵条件对于菌剂的生产是非常必要的。本实验要求同学们结合发酵工程的基本知识,对该菌进行发酵罐发酵,并记录其发酵罐参数。

## 三、实验试剂、材料和设备

### 1.培养基的配制

按工艺要求配制发酵培养基,7 L发酵罐定容5 L,实际配料时,定容到预定体积的75%左右(即7 L发酵罐定容3.7 L),另25%体积为蒸汽冷凝水和种子液预留。

种子培养基:蛋白胨10 g/L,牛肉膏10 g/L,氯化钠5 g/L。

发酵培养基:可溶性淀粉15 g/L,酵母膏0.2 g/L,蛋白胨5 g/L,硫酸铵2.5 g/L,磷酸二氢钾2.5 g/L,七水硫酸镁0.025 g/L,碳酸钙0.05 g/L,初始pH 7.2。

### 2.设备

蒸汽发生器、发酵罐、空压机。

## 四、实验内容

1.实消。

2.接种

(1)火焰封口法:将前次实验准备的种子接入发酵罐。接种时,先缓慢将罐压降低到0.01 MPa,关小进气阀,在接种口上用火焰封口,并将盖放置在装有75%酒精的培养皿内,防止污染。将菌种液在火焰封口下倒入发酵罐内,盖上接种阀,旋紧。

(2)压差接种法:为发酵工业常用的接种方法。①将罐顶流加口在火焰封口下连接到装有菌种的抽滤瓶侧口管道上;②将发酵罐压力加大到0.1 MPa,打开流加口阀,使发酵罐和菌种瓶压力平衡后,关闭流加阀;③打开发酵罐排气阀,使压力下降到0.01~0.02 MPa(不能降为零),关闭排气阀,使发酵罐和菌种瓶间形成压力差;④打开流加口阀,依靠压力差将菌种液压入发酵罐;⑤重复②~④步骤,直到所有菌种都压入发酵罐为止;注意:由于抽滤瓶带压作业,为安全起见,要选用优质的抽滤瓶,并在瓶外加上帆布瓶套,防止意外炸瓶伤人。

3.发酵过程的控制

(1)发酵过程的温度控制:谷氨酸发酵0~12 h为长菌期,最适温度在30~32 ℃,发酵12 h后,进入产酸期,控制温度为34~36 ℃。由于发酵期代谢活跃,发酵罐要注意冷

却,防止温度过高引起发酵迟缓。

(2)发酵过程中的 pH 控制:发酵过程中的产物积累导致 pH 下降,而氮源的流加导致 pH 的升高,发酵中,当 pH 下降至 7.0～7.1 时,应及时流加氮源。长菌期(0～12 h)控制 pH 不大于 8.2(由尿素流加量、风量和搅拌速度来调节),产酸期(12 h 以后)控制 pH 在 7.1～7.2。控制 pH 的手段主要有:①控制风量;②控制流加氮源。放罐:达到放罐标准,及时放罐。放罐标准:残糖在 1% 以下且糖耗缓慢(<0.15%／h)或残糖<0.5%。

4. 发酵过程的分析

发酵过程中,按以下频次测定、记录以下指标:pH、风量、还原糖、$A_{600\ nm}$、温度、$DO$。

## 五、实验结果

(1)将各小组的数据填入表 3-1。

表 3-1　结果分析

| 时间 | 1 | 2 | 3 | 4 | 5 | 6 | 7 | 8 | 9 | 10 | 11 | 12 | 13 | 14 | 15 | … | 32 |
|---|---|---|---|---|---|---|---|---|---|---|---|---|---|---|---|---|---|
| pH | | | | | | | | | | | | | | | | | |
| $T$ | | | | | | | | | | | | | | | | | |
| $DO$ | | | | | | | | | | | | | | | | | |
| $A_{600\ nm}$ | | | | | | | | | | | | | | | | | |
| 通气量 | | | | | | | | | | | | | | | | | |

(2)绘制 pH、$T$、$DO$、$A_{600\ nm}$ 时间变化曲线图。

## 六、思考题

工业上除了分批补料发酵之外还有哪些发酵方法?

# 实验四　亚硫酸盐氧化法测定溶氧体积传递系数

## 一、实验目的

1. 学习在好氧发酵中氧传递的基本原理。
2. 了解氧传递在好氧发酵中的重要作用。
3. 掌握亚硫酸盐法测定容积氧传递系数的方法。
4. 理解好氧发酵中氧气如何从气相传递至液相的过程。
5. 溶氧体积传递系数 $k_L a$ 是生化反应器设计与操作过程中的重要参数。
6. 了解 $k_L a$,对于建立好氧微生物生长、繁殖与氧的消耗动力学之间的关系具有重要意义。

## 二、实验原理

溶氧(DO)是需氧微生物生长所必需的。在发酵过程中有多方面的限制因素,而溶氧往往最易成为控制因素。

在28 ℃,氧在发酵液中100%的空气饱和浓度只有0.25 mmol/L左右,比糖的溶解度小7 000倍。在对数生长期即使发酵液中的溶氧能达到100%空气饱和度,若此时中止供氧,发酵液中溶氧可在几分钟之内耗竭,使溶氧成为限制因素。

图3-1为氧从气泡到细胞中传递过程示意图,其中氧传递阻力包括:气膜阻力($1/k_1$);气液界面阻力($1/k_2$);液膜阻力($1/k_3$);反应液阻力($1/k_4$);细胞外液膜阻力($1/k_5$);液体与细胞之间界面的阻力($1/k_6$);细胞之间介质的阻力($1/k_7$);细胞内部传质的阻力($1/k_8$);等等。

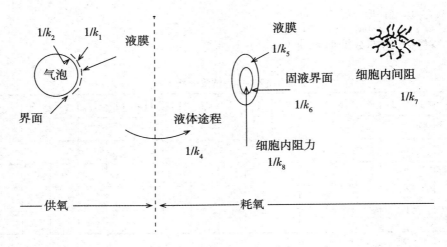

**图3-1　氧从气泡到细胞中传递过程示意图**

发酵生产中,用空气饱和度百分数来表示溶氧浓度。临界氧浓度:不影响呼吸所允许的最低溶氧浓度,如对产物而言,便是不影响产物合成所允许的最低浓度。发酵液中的溶氧浓度取决于氧的传递(即供氧方面)和被微生物利用(即耗氧方面)两个方面。图3-2为气液界面附近氧分压与浓度的变化图。

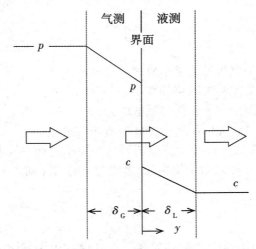

**图3-2　气液界面附近氧分压与浓度的变化**

氧的传递方程为：

$$Na = k_L a(c^* - c)$$

式中   $Na$——单位体积反应液中氧的传质速率，mol/(m³·s)；

$k_L a$——体积传递系数，s⁻¹；

$c$——培养液主流中氧的浓度；

$c^*$——与气相氧分压相平衡的氧浓度。

### 三、实验试剂、材料和仪器

1. 试剂

（1）0.1 mol/L 硫代硫酸钠溶液：称取 25 g Na₂S₂O₃·5H₂O 于 500 mL 烧杯中，加入 300 mL 新煮沸过的蒸馏水，待完全溶解后，加入 0.2 g Na₂CO₃，然后用新煮沸过的蒸馏水稀释至 1 000 mL，保存于棕色瓶中，在暗处放置 10 天左右。

（2）0.2% 淀粉指示剂：称取 0.2 g 可溶性淀粉，用少量水调成糊状，溶于100 mL 沸水（蒸馏水）中，继续煮沸至溶液透明。冷却，贮于玻璃塞瓶中备用。

（3）0.05 mol/L 碘溶液：取 13 g 和 25 g KI 于 200 mL 烧杯中，加少许蒸馏水，搅拌至碘液全部溶解后，转入棕色瓶中，加水稀释至 1 L。塞紧，摇匀后放置过夜，避光保存。

（4）0.1 mol/L CuSO₄溶液：每升 Na₂SO₃溶液中加入 1 mL 的 0.1 mol/L CuSO₄溶液。

（5）固体 K₂Cr₂O₇基准物：取 5 g 左右分析纯固体 K₂Cr₂O₇于称量瓶中 130～140 ℃烘干 2 h后，移入干燥器中备用。

（6）固体 KI。

2. 仪器

发酵罐、容量瓶、棕色瓶、无菌吸管、酸式滴定管、试管、小漏斗、铁架台、量筒、碘量瓶等。

### 四、实验内容

（1）于 5 L 发酵罐中装入 0.5 mol/L 亚硫酸钠溶液 3 L，每升 Na₂SO₃溶液中加入 1 mL 0.1 mol/L CuSO₄溶液。罐温调至 25 ℃，加入 0.01 mol/L 硫酸铜溶液 50 mL，搅拌均匀（转速 300 r/min 左右），待通气量稳定后（通气量 3 L/min），即可取样。

（2）在一定时间间隔取样，取样前先弃去 20 mL 左右反应液，再用试管正式取样并计时。15 min 后取第二次样，再过 15 min 后取第三次样。

（3）移取 2 mL 反应液于装有 25 mL 0.05 mol/L 碘标准溶液的 250 mL 碘量瓶中，加预先煮沸冷却水 50 mL，然后用 0.1 mol/L 硫代硫酸钠溶液滴定至淡黄色，再加入 0.2% 淀粉指示剂 5 mL，此时溶液呈深蓝色，继续用 0.1 mol/L 硫代硫酸钠溶液滴定至蓝色刚好消失。

（4）计算。每溶解 1 mol O₂，将消耗 2 mol Na₂SO₃，将少消耗 2 mol I₂，将多消耗 4 mol Na₂S₂O₃。因此可根据两次取样滴定消耗 Na₂S₂O₃的摩尔数之差，计算体积溶氧速率。公式如下：

$$Na \frac{\Delta VM}{4\Delta t \, V_0} \times 3\ 600 = \frac{900\Delta VM}{\Delta t \, V_0}$$

式中　$\Delta V$——两次取样滴定消耗 $Na_2S_2O_3$ 体积之差；

　　　$M$——$Na_2S_2O_3$ 浓度；

　　　$\Delta t$——两次取样时间间隔；

　　　$V_0$——取样分析液体积。

将上述 $Na$ 值代入公式：

$$Na = k_La(c^* - c)$$

即可计算出 $k_La$。

由于溶液中 $SO_3^{2-}$ 在 $Cu^{2+}$ 催化下瞬即把溶解氧还原掉，所以在搅拌作用充分的条件下整个实验过程中溶液中的溶氧浓度 $c=0$。

在 0.1 MPa(1 atm)下，25 ℃时空气中氧的分压为 0.021 MPa，根据亨利定律，可计算出 $c^*=0.24$ mmol/L，但由于亚硫酸盐的存在，$c^*$ 的实际值低于 0.24 mmol/L，因此一般规定 $c^*=0.21$ mmol/L。所以 $k_La=Na/(0.21\times10^{-3})$。

将实验过程填入表3-2并计算。

表3-2　实验过程分析表

| 反应液组成 | 0.5 mol/L $Na_2SO_3$ 水溶液，另外加 0.01 mol/L 的 $CuSO_4$ | |
|---|---|---|
| 实验基本条件 | 反应液体积/L | 反应温度/℃ |
| | 通风量/(L/min) | 搅拌转速/(r/min) |
| 两次取样时间间隔 $\Delta t$/s | | |
| 两次滴定 $Na_2S_2O_3$ 体积差 $\Delta V$/mL | | |
| $Na_2S_2O_3$ 溶液浓度/(mol/L) | | |
| 体积溶氧速率 $Na$/[kmol/(m³·h)] | | |
| 体积溶氧系数 $k_La$/(1/h) | | |
| $k_La$ 平均值/(1/h) | | |

(5)0.1 mol/L 硫代硫酸钠标准溶液标定：准确称取 $K_2Cr_2O_7$ 基准物约 0.15 g 于 250 mL 碘量瓶中，加水 25 mL，使之溶解后，加固体 KI 2 g，及 6 mol/L 的 HCl 5 mL，立即盖好瓶塞，摇匀后水封。在暗处放置 5 min 后，拔掉瓶塞，使瓶口水入瓶内，加水 50 mL，并用洗瓶吹洗碘量瓶内壁，用 $Na_2S_2O_3$ 溶液滴定至溶液呈浅黄色(或黄绿色)。加淀粉指示剂，加入 5 mL 0.2% 淀粉指示剂时溶液呈深蓝色，继续滴定至蓝色消失变为 $Cr^{3+}$ 的绿色为止。

## 五、实验结果

(1)实验原始记录。

(2)实验结果分析。

(3)完成指定的思考题。

(4)总结本次实验的体会和收获。

## 六、注意事项

（1）$Na_2S_2O_3$ 溶液浓度实验前需标定。

（2）碘溶液不稳定，需避光保存。

（3）吸取样品到碘液中时，吸管的出口应尽可能靠近碘液的液面。

（4）取样时，先将底阀打开，排除取样管里的残留溶液，再取样。

## 七、思考题

（1）测定容积氧传递系数除亚硫酸盐法外还有哪些方法？

（2）亚硫酸盐法测定有哪些优缺点？

# 实验五　菌体生长动力学参数的求取

## 一、实验目的

掌握 DNS 法测定还原糖和多糖的方法，绘制出标准曲线。

## 二、实验原理

自 20 世纪 40 年代至今，微生物生理学者和生物化学工程学者提出了许多关于微生物生长的动力学模型。这些生长模型根据 Tsuchiya 理论可分为：确定论的非结构模型，是一种理想状况，不考虑细胞内部结构，每个细胞之间无差别。确定论的结构模型，每个细胞之间无差别，细胞内部有多个组分存在。概率论的非结构模型，不考虑细胞内部结构，每个细胞之间有差别。概率论的结构模型，考虑细胞内部结构，每个细胞之间有差别。

从工程角度看，理想的微生物生长模型应具备下列 4 个条件：要明确建立模型的目的；明确地给出建立模型的假定条件，这样才能明确模型的适用范围；希望所含有的参数，能够通过实验逐个确定；模型应尽可能简单。

目前，常使用确定论的非结构模型是 Monod 方程。

莫诺方程（Monod 方程）如下：

$$\mu = \frac{\mu_{max}S}{K_S + S}$$

式中　$\mu$——生长比速，$h^{-1}$；

　　　$\mu_{max}$——最大生长比速，$h^{-1}$；

　　　$S$——单一限制性基质浓度，$mol/L$；

　　　$K_S$——微生物对基质的半饱和常数，$mol/L$。

## 三、实验试剂、材料和设备

1. 试剂

葡萄糖（分析纯）、蒸馏水。

DNS液:称取3,5-二硝基水杨酸($C_7H_4N_2O_7$)6.3 g,氢氧化钠21.0 g充分溶解于500 mL蒸馏水中(水先煮沸10 min后冷却)。

加入酒石酸钾钠($C_4H_4O_6KNa \cdot 4H_2O$)182.0 g,苯酚(在50 ℃水中融化)5.0 g,偏重亚硫酸钠($Na_2S_2O_5$)5.0 g,搅拌至全溶,定容至1 000 mL。

充分溶解后盛于棕色瓶中,放置10天后便可使用。平时盛一小瓶放在外面使用,其它储于冰箱中。此溶液每月配制一次。

2.设备

容量瓶、吸管(1 mL、5 mL、25 mL)、烘箱、试管架、吸耳球、称量纸、分光光度计、烧杯、恒温水浴锅、离心机、记号笔、电炉、搪瓷缸。

## 四、实验内容

(1)培养基配置:葡萄糖30 g,氯化钠(NaCl)5 g,牛肉膏5 g,蛋白胨10 g,水1 000 mL;分装于500 mL三角瓶中,装瓶量为200 mL,0.1 MPa蒸汽灭菌25 min。

(2)待培养基降至室温,无菌接入种子10 mL,放置于37 ℃恒温摇床振荡培养。

(3)按照以下方法取样进行测定,数据记录于表3-3中。

表3-3　时间分布表

| 时间 $t$ | 发酵液中葡萄糖浓度 $S$ | 菌体吸光度 $OD_{600\,nm}$ |
|---|---|---|
| 8 h | | |
| 9 h | | |
| 10 h | | |
| 11 h | | |
| 12 h | | |

## 五、实验结果

根据结果进行数据分析,数据填入表3-4中。

表3-4　结果分析表

| 序号 | $\Delta t$ | $\bar{S}$ | $X$ | $\Delta X$ | $\bar{x}$ | $1/\bar{S}$ | $\bar{r}$ | $\bar{x}/r_x$ |
|---|---|---|---|---|---|---|---|---|
| 1 | 1 | $(S_{8\,h}+S_{9\,h})/2$ | (8 h时的 $OD_{600\,nm}$~9 h时的 $OD_{600\,nm}$) | (9 h时的 $OD_{600\,nm}$~8 h时的 $OD_{600\,nm}$) | (9 h时的 $OD_{600\,nm}$+8 h时的 $OD_{600\,nm}$)/2 | | 求取方法见上 | 例如 |
| 2 | | | | | | | | |
| 3 | | | | | | | | |
| 4 | | | | | | | | |

以 $\overline{X}/\overline{r_x}-1/\overline{S}$ 作图,符合 monod 方程,通过斜率和截距可求取动力参数 $K_S$ 与 $r_{max}$。

## 六、注意事项

葡萄糖浓度较高稀释后(具体稀释倍数以吸光度测定值在 0.2 ~ 0.8 为准),测定的吸光度乘以稀释倍数根据标准曲线进行换算为浓度。同样当菌体浓度吸光度大于 1 时,要适当稀释(具体稀释倍数以吸光度测定值在 0.2 ~ 0.8 为准)测定的吸光度乘以稀释倍数。

## 七、思考题

菌体生长动力学获取的方法有哪些?

# 实验六　毛细管黏度计测量发酵液的黏度

## 一、实验目的

1. 掌握毛细管黏度计测量黏度的方法。
2. 了解发酵液的流变学性质。

## 二、实验原理

黏度代表流体流动时内摩擦阻力的大小,为克服内摩擦阻力,必须消耗一定能量,并转化为热。黏度就是这种能量消耗速率的度量。本实验采用毛细管黏度计法测量发酵液的黏度。

检测样品从右侧粗管口加入,然后将毛细管黏度计(图 3-3)垂直固定在恒温槽内,温度达到平衡时,在右侧管口施加一定压力,使存放在 e 处的待测试样流入 c 中一直到 a 处。然后测定测试样从基线 a 流过 b 所需时间 $t$。

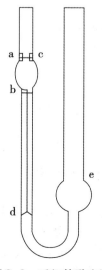

**图 3-3　毛细管黏度计**

由 Poisluillc 公式可知,通过一支毛细管的液体的体积 $V$ 与流动的时间 $t$、推动流动 $P$ 和毛细管半径的四次方成正比,而与毛细管长度 $L$、液体的黏度 $\eta$ 成反比。

$$V = \frac{\pi t\, r^4 P}{8L\eta}$$

在已知标准液体的绝对黏度时,即算出被测液体的绝对黏度,设两种液体在本身重力作用下,分别流经同一毛细管,且流出的体积相等,则

$$\eta_1 = \frac{\pi t_1\, r^4 P_1}{8LV} \qquad \eta_2 = \frac{\pi t_2\, r^4 P_2}{8LV}$$

两式相比

$$\frac{\eta_1}{\eta_2} = \frac{P_1 t_1}{P_2 t_2} \qquad P = \rho g h$$

式中　　$h$——推动液体流动的液位差;

　　　　$\rho$——液体密度;

　　　　$g$——重力加速度。

如果每次取样的体积一定,则可保持 $h$ 在实验中情况相同。

$$\frac{\eta_1}{\eta_2} = \frac{P_1 t_1}{P_2 t_2}$$

已知某温度下参比液体的黏度,并测得 $t_1$、$\rho_1$、$t_2$、$\rho_2$,被测液体可按上式计算。

## 三、实验试剂、材料和仪器

### 1.菌种
酵母菌。

### 2.培养基
葡萄糖 0.5%,牛肉膏 0.3%,酵母膏 0.3%,蛋白胨 1%,NaCl 0.5%,pH 7.2,121 ℃,0.103 MPa,15 min 灭菌冷却。

### 3.仪器
水浴恒温槽,奥式黏度计,计时器,移液管,洗耳球等。

## 四、实验内容

### 1.种子活化和接种
将酵母菌接入培养基,25 ℃培养活化。取活化后的酵母菌接入已灭菌冷却的三角瓶培养瓶中,振荡混匀。

### 2.培养
将已接种的三角瓶培养液置于振荡培养箱,200 r/min,28 ℃培养 48 h 后取出。

### 3.测定发酵液通过毛细管的时间 $t_1$
调节恒温槽温度,在洗净烘干的奥式黏度计中用量筒移入 10 mL 培养液,然后垂直浸入恒温槽中。恒温后,用洗耳球将液体吸到高于刻度线 a,再让液体由于自身重力下降,用秒表记下液面从 a 流到 b 的时间 $t$,重复 3 次,误差不得超过 0.2 s,取平均值。

4. 测定蒸馏水通过毛细管的时间 $t_2$

洗净黏度计并烘干,用量筒移入 10 mL 蒸馏水,同步骤 3 的方法测定蒸馏水从 a 流到 b 的时间的平均值 $t_2$。

5. 测定发酵液的密度 $\rho$

用比重瓶测定该实验温度下的培养液的密度。

### 五、实验结果

记录发酵液和蒸馏水通过毛细管的时间 $t_1$、$t_2$,取平均值后将数据记录在表 3-5 中,并按公式处理数据。

表 3-5　结果分析表

| | $\rho$ | $t$ | $\eta/(\mathrm{Pa \cdot s})$ |
|---|---|---|---|
| 水 | | | |
| 样品 | | | |

### 六、注意事项

(1)温度波动直接影响溶液黏度的测定,一般波动控制在 ±0.5 ℃。
(2)实验过程中恒温槽的温度要恒定,溶液每次稀释恒温后才能测量。
(3)黏度计要垂直放置,实验过程中不要振动黏度计,否则影响结果的准确性。
(4)黏度计一定要洗干净,以备下组使用。

### 七、思考题

(1)在进行发酵液的黏度测定时,要注意哪些问题?
(2)利用毛细管黏度计测定发酵液的黏度有何优缺点?

## 实验七　邻二氮菲比色法测定发酵液中铁离子的含量

### 一、实验目的

1. 学习分光光度法测定铁离子的基本原理。
2. 掌握分光光度计的使用方法。
3. 学习绘制吸收曲线的方法,掌握绘制标准曲线的方法。

### 二、实验原理

邻二氮菲(又称邻菲罗啉)是测定微量铁的较好试剂,在 pH=2~9 的条件下,二价铁离子与试剂生成极稳定的橙红色配合物。配合物的 $\lg K_{稳}$摩尔吸光系数510 = 11 000 L·mol$^{-1}$·cm$^{-1}$。

Fe$^{3+}$与邻二氮菲作用生成蓝色配合物,稳定性较差,所以在实际应用中常加入还原剂盐酸羟胺。在显色前,用盐酸羟胺把三价铁离子还原为二价铁离子。

$$2Fe^{3+}+2NH_2OH \cdot HCl \longrightarrow 2Fe^{2+}+N_2+2H_2O+4H^++2Cl^-$$

测定时,控制溶液 pH=3 较为适宜,酸度高时,反应进行较慢,酸度太低,则二价铁离子水解,影响显色。

用邻二氮菲测定时,有很多元素干扰测定,须预先进行掩蔽或分离,如钴、镍、铜、铅与试剂形成有色配合物;钨、铂、镉、汞与试剂生成沉淀,还有些金属离子如锡、铅、铋则在邻二氮菲铁配合物形成的 pH 范围内发生水解,因此当这些离子共存时,应注意消除它们的干扰作用。所以,发酵液需要先经加酸煮沸溶解铁的难溶化合物,同时消除氰化物、亚硝酸盐、多磷酸盐的干扰。加入盐酸羟胺将高价铁还原为低价铁,还可消除氧化剂的干扰。发酵液不加盐酸煮沸,也不加盐酸羟胺,则测定结果为低价铁的含量。

### 三、实验试剂、材料和仪器

#### 1. 试剂

氢氧化钠;醋酸钠(1 mol/L);盐酸(6 mol/L);盐酸羟胺(100 g/L)(临时配制);邻二氮菲,邻二氮菲溶解在 100 mL 1:1 乙醇溶液中。

(1)100 μg/mL 铁标准溶液:准确称取 $NH_4Fe(SO_4)_2 \cdot 12H_2O$ 于 200 mL 烧杯中,用 6 mol/L 盐酸 20 mL 溶解,移至 1 L 容量瓶中,以水稀释至刻度,摇匀。

(2)10 μg/mL 铁标准溶液:用移液管吸取 10 mL 100 μg/mL 铁标准溶液于 100 mL 容量瓶中,加入 2 mL 6 mol/L 盐酸,用蒸馏水稀释至刻度,摇匀。

#### 2. 主要仪器

7230G 分光光度计及 1 cm 比色皿、三角瓶。

### 四、实验内容

#### 1. 测定条件的选择

(1)吸收曲线的绘制:取两个 50 mL 容量瓶,用吸量管准确吸取 100 μg/mL 铁标准溶液 5 mL,分别置于 50 mL 容量瓶中,加入盐酸羟胺溶液 1 mL,摇匀后加入醋酸钠溶液 5 mL 和邻二氮菲溶液 2 mL 以水稀释至刻度,摇匀。放置 10 min 后,在分光光度计上,用 1 cm 比色皿,以试剂空白(即铁标准溶液)为参比溶液,用不同的波长,从 440~560 nm,每隔 10 nm 测定一次吸光度,在最大吸收波长处附近多测定几点。然后以波长为横坐标、吸光度为纵坐标绘制出吸收曲线,从吸收曲线上确定进行测定铁的适宜波长(即最大吸收波长)。吸收曲线数据记录于表 3-6 中。

表 3-6　吸收曲线数据

| 波长/nm | 440 | 450 | 460 | 470 | 480 | 490 | 494 | 496 | 498 | 500 |
|---|---|---|---|---|---|---|---|---|---|---|
| 吸光度 | | | | | | | | | | |
| 波长/nm | 502 | 504 | 506 | 508 | 510 | 520 | 530 | 540 | 550 | 560 |
| 吸光度 | | | | | | | | | | |

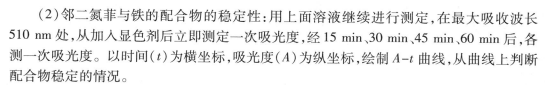

（2）邻二氮菲与铁的配合物的稳定性：用上面溶液继续进行测定，在最大吸收波长 510 nm 处，从加入显色剂后立即测定一次吸光度，经 15 min、30 min、45 min、60 min 后，各测一次吸光度。以时间（$t$）为横坐标，吸光度（$A$）为纵坐标，绘制 $A-t$ 曲线，从曲线上判断配合物稳定的情况。

（3）显色剂浓度的影响：取 25 mL 容量瓶 7 个，用吸量管准确吸取 100 μg/mL 铁标准溶液 1 mL 于各容量瓶中，加入盐酸羟胺溶液 1 mL 摇匀，再加 1 mol/L 醋酸钠 5 mL，然后分别加入邻二氮菲溶液 0 mL、0.25 mL、0.50 mL、1.00 mL、2.00 mL、3.00 mL、4.00 mL、5.00 mL，以水稀释至刻度，摇匀。在分光光度计上，用适宜波长（510 nm），1 cm 比色皿，以水为参比测定不同用量显色剂溶液的吸光度。然后以邻二氮菲试剂加入毫升数为横坐标、吸光度为纵坐标，绘制 $A-V$ 曲线，由曲线上确定显色剂最佳加入量。

（4）根据上面条件实验的结果，找出邻二氮菲分光光度法测定铁的测定条件并讨论。

2. 铁含量的测定

（1）标准曲线的绘制。取 50 mL 容量瓶 6 个，分别准确吸取 10 μg/mL 铁标准溶液 0 mL、0.25 mL、0.50 mL、1.00 mL、2.00 mL、3.00 mL、4.00 mL、5.00 mL 加纯水至 50 mL 于各容量瓶中，各加盐酸羟胺溶液 1 mL，摇匀，再各加醋酸钠溶液 5 mL 和邻二氮菲溶液 2 mL 以水稀释至刻度，摇匀。经 10 min 放置后，在分光光度计上用 1 cm 比色皿，以试剂空白为参比溶液，在最大吸收波长 510 nm 处以水为参比测定各溶液的吸光度，以含铁总量为横坐标、吸光度为纵坐标，绘制标准曲线。数据记录于表 3-7 中。

表 3-7　铁含量标准曲线的数据记录

| 铁标液体积/mL | | | | | | |
|---|---|---|---|---|---|---|
| 铁浓度/（μg/mL） | | | | | | |
| 吸光度 $A$ | | | | | | |

（2）吸取未知液 5 mL 按上述标准曲线相同条件和步骤测定其吸光度。根据未知液吸光度，在标准曲线上查出未知液相对应铁的量，然后计算试样中微量铁的含量，以每升未知液中含铁多少克表示（单位为 g/L）。

## 五、实验结果

（1）记录分光光度计型号，比色皿厚度，绘制吸收曲线和标准曲线。

（2）计算未知液中铁的含量，以每升未知液中含铁多少克表示（单位为 g/L）。

## 六、注意事项

（1）遵守平行原则。如配制标准系列溶液时，空白与标准系列溶液按相同的操作步骤进行操作，包括加试剂的量、顺序、时间等应一致。注意吸收池的配对性。

（2）配制溶液时，必须先加入盐酸羟胺溶液，后加邻二氮菲溶液，顺序不能颠倒。

（3）比色皿的拿放，擦镜纸擦拭，透光面保持干净，所盛溶液以 2/3 为宜。

（4）测各溶液的吸光度时应按照从稀到浓的顺序进行。

## 七、思考题

在实验过程中学到了哪些技术?

# 实验八  二乙基二硫代氨基甲酸钠比色法测定发酵液中铜离子的含量

## 一、实验目的

1. 掌握二乙基二硫代氨基甲酸钠比色法测定发酵液中铜离子含量的方法。
2. 了解发酵液的流变学性质。

## 二、实验原理

水中可溶性铜和总铜的测定,有条件的实验室都使用原子吸收法测定,但对于一般企业的污水处理部门,按照国家环境保护标准《水质铜的测定二乙基二硫代氨基甲酸钠分光光度法》(HJ 485—2009),使用分光光度计进行分析,也可满足要求。该方法原理是在氨性溶液中(pH=8~10),铜与二乙基二硫代氨基甲酸钠作用生成黄棕色络合物,络合物用四氯化碳或三氯甲烷萃取,在 440 nm 波长处测量吸光度。

本实验对该方法进行探讨,采用缩小采样量和试剂用量(为原来的 1/10),采用具塞的密闭比色管代替分液漏斗,减少工作强度和四氯化碳用量,此方法具有经济性和绿色环保的性质,在水样的对比测试中结果同样具有良好的精密性、准确性和适应性,而且能节省试剂,减少工作强度和萃取时间(由原来的不少于 2 min,减少为 1 min),如果应用便携式分光光度计,更可以进行现场快速测定,是一种准确可行的方法。

## 三、实验试剂、材料和仪器

1. 实验试剂

(1)氯化铵-氢氧化铵缓冲溶液:将 70 g 氯化铵溶于适量水中,加入 46 mL 氨水,用水稀释至 1 L,此缓冲溶液的 pH 值约为 9.0。

(2)盐酸,$\rho=1.19$ g/mL,优级纯。

(3)硝酸,$\rho=1.40$ g/mL,优级纯。

(4)高氯酸,$\rho=1.68$ g/mL,优级纯。用于测定总铜时试样的消解。

(5)氨水,$\rho=0.91$ g/mL,优级纯。

(6)四氯化碳。

(7)铜标准使用溶液,$\rho=1.0$ μg/mL。

(8)二乙基二硫代氨基甲酸钠溶液,$\rho=2$ mg/mL:称取 200 mg 二乙基二硫代氨基甲酸钠[或称铜试剂,$C_5H_{10}NS_2Na \cdot 3H_2O$]溶于水中并稀释至 100 mL,用棕色玻璃瓶贮存,放于暗处可稳定两周。

(9)EDTA-柠檬酸铵溶液 I,$\rho=12.0$ g/L:称取 12.0 g 乙二胺四乙酸二钠[$Na_2-EDTA \cdot 2H_2O$]和 2.5 g 柠檬酸铵[$(NH_4)_3 \cdot C_6H_5O_7$]于 1 000 mL 烧杯中,加入 100 mL

水和200 mL 氨水溶解,用水稀释至 1 L,加入 10 mL 二乙基二硫代氨基甲酸钠溶液,用 100 mL四氯化碳萃取提纯。

（10）甲酚红指示液,$\rho = 0.4$ mg/mL:称取 20 mg 甲酚红[$C_{21}H_{18}O_5S$]溶于 50 mL 乙醇中。

（11）EDTA-柠檬酸铵溶液 Ⅱ,$\rho_{(EDTA)} = 50.0$ g/L:称取 5.0 g 乙二胺四乙酸二钠 [$Na_2$-EDTA $\cdot 2H_2O$]和20 g 柠檬酸铵[$(NH_4)_3 \cdot C_6H_5O_7$]溶于水中并稀释至 100 mL,加入 4 滴甲酚红指示液,用1+1 氨水调至 pH=8 ~ 8.5(由黄色变为浅紫色),加入 5 mL 二乙基二硫代氨基甲酸钠溶液,用 10 mL 四氯化碳萃取提纯。

2.实验仪器

分光光度计,比色皿,移液管,滤膜(0.45 μm)。

## 四、实验内容

1.标准曲线的绘制

在 10 mL 具塞的比色管中分别加入 0 mL、0.2 mL、0.5 mL、1.0 mL、2.0 mL、3.0 mL、4.0 mL、5.0 mL 铜标准使用溶液,其对应的铜含量分别为 0 g、0.2 g、0.5 g、1.0 g、2.0 g、3.0 g、4.0 g、5.0 g。加水至总体积为 5 mL,配成标准系列溶液。

加入 1 mL EDTA-柠檬酸铵溶液 Ⅰ,0.5 mL 氯化铵-氢氧化铵缓冲溶液,摇匀,此溶液 pH=9。加入 0.5 mL 二乙基二硫代氨基甲酸钠溶液,摇匀,静置 5 min。准确加入3 mL 四氯化碳,振荡 1 min,静置,使分层。显色后于 1 h 内完成测定。

用细长的移液吸管吸取萃取液,用脱脂棉过滤,用 10 mm 比色皿于 440 nm 波长处,以四氯化碳作参比,测量吸光度。将测量的吸光度作空白校正后,对相应的铜含量,绘制标准曲线(如表3-8)。

表 3-8　标准曲线绘制表

| 编号 | 1 | 2 | 3 | 4 | 5 | 6 | 7 |
|---|---|---|---|---|---|---|---|
| 标准液加入量/mL | 0.2 | 0.5 | 1 | 2 | 3 | 4 | 5 |
| 标准含量/μg | 0.2 | 0.5 | 1 | 2 | 3 | 4 | 5 |
| 吸光度 | | | | | | | |
| 曲线 | | | | | | | |

2.发酵液中铜离子的测定

将未经酸化处理的发酵液通过 0.45 μm 滤膜过滤。用移液管吸取适量体积(含铜量不超过30 μg,最大体积不大于 5 mL)过滤后的试样,置于 10 mL 具塞的比色管中,加水至 5 mL。加入 1 mL EDTA-柠檬酸铵溶液 Ⅱ,以下步骤与标准曲线制作相同。

## 五、实验结果

（1）用 Excel 绘制标准曲线,获得曲线方程。

(2)计算发酵液中的铜离子的浓度。

## 六、思考题

(1)如果发酵液中有铁离子,那么应该怎么避免它对实验过程的影响?
(2)如果发酵液中有铋元素和锰元素,那么应该怎么避免它们对实验过程的影响?

# 实验九 原子吸收光谱法测定金属元素的含量

## 一、实验目的

1.进一步了解和熟悉原子吸收光谱法的基本原理和仪器结构。
2.熟悉掌握几种元素分析的前处理方法及基本操作。
3.掌握利用原子吸收光谱法测定食品样品及原材料中金属元素的含量。
4.掌握气体钢瓶的使用及维护。

## 二、实验原理

原子吸收光谱法(atomic absorption spectrometry,AAS)是指物质所产生的气态的基态原子对特征光谱辐射具有吸收能力的现象。当辐射投射到原子蒸汽上时,如果辐射波长相应的能量等于原子由基态跃迁到激发态所需的能量时,就会引起原子对辐射的吸收,产生吸收光谱,通过测量气态原子对特征波长(或频率)的吸收,便可获得有关组成和含量的信息。

原子吸收光谱通常出现在可见光区和紫外区。

一个原子可具有多种能级状态,最低的能态称为基态。如果原子接受外界能量使其激发至最低激发态(即第一激发态,$E_1$),而后又回到基态所发射出的辐射即为"共振线"。相反,基态原子的外层电子吸收共振辐射也可从基态跃迁至最低激发态。在一定的温度下,激发态原子数与基态原子数具有一定的比例。由计算可知,绝对温度小于3 000 K时,激发态原子数与基态原子数的比值是很小的,即与处于基态的原子数相比,处于激发态的原子数可以忽略不计。因此,可认为基态原子数近似等于待测元素的总原子数。

原子吸收服从朗伯-比尔定律,在一定浓度范围内,待测元素的吸光度与其在待测溶液中的浓度成正比。即

$$A = \lg(I_0/I) = kcL$$

其中:$I_0$和$I$分别为频率为$f$的入射光和透射光的强度,$c$为待测溶液中该元素的浓度,$k$为摩尔吸光系数,$L$为光线通过样品的光程。

本实验采用湿法消解法将样品进行前期消化,然后利用空气乙炔火焰法将样品进行原子化,样品中的待测元素能够迅速处在基态,并且基态原子能在特定光源的激发下跃迁为激发态,同时伴有特定原子吸收光谱的产生。这样我们利用这种特定的原子吸收光谱对样品中的待测元素进行定性和定量的检测。

### 三、实验试剂、材料和仪器

1. 试剂

(1) 分析纯高氯酸和硝酸。

(2) 铜元素标准溶液的配制

1) 铜标准溶液(10 mg/L):准确移取铜标准储备液(1.000 mg/mL)1 mL 于 100 mL 容量瓶中,加入 0.5% 稀硝酸定容。

2) 系列标准溶液的配制:分别准确移取铜标准溶液 0 mL、2.00 mL、4.00 mL、6.00 mL、8.00 mL 和 10.00 mL 于 6 个 100 mL 容量瓶中,加入 0.5% 稀硝酸定容。得到浓度分别为 0 mg/L、0.20 mg/L、0.40 mg/L、0.60 mg/L、0.80 mg/L 和 1.00 mg/L 的铜标准溶液。

2. 仪器

原子吸收光谱仪,消化管,移液管,容量瓶。

### 四、实验内容

1. 样品消化

准确测量 2 g 样品于 100 mL 消化管中,加入 25 mL 的混合酸(高氯酸∶硝酸 = 1∶5),再加入 2~3 颗玻璃珠并盖上玻璃片,转入石墨消化炉进行加热消化,温度设置为 200 ℃,起初消化管上方会出现大量红棕色气体,大约 20 min 后开始出现白色烟雾,此时可以打开玻璃片进行排酸,直至样品消化液渐渐呈现为澄清透明即可停止加热。最后将得到的透明消化液转移到 10 mL 容量瓶中,用 0.5% 稀硝酸进行定容。消化过程同时进行空白对照以扣除背景。

2. 开机

(1) 打开计算机,待系统稳定后再打开原子吸收光谱仪主机。

(2) 双击计算机桌面上软件图标 AAS ,点击"联机"与仪器联机,仪器开始自检,通过后按" OK "。

3. 仪器参数的设置

(1) 选择"AAS "→"选择元素灯",下一步选择设置该元素灯工作的灯电流、乙炔气流量、特征光谱线、负高压和狭缝宽度等。

(2) 选择标准曲线法进行定量计算,设置曲线参数和待测样品参数。

4. 点火

打开空气压缩机,再打开乙炔气体,(注意:此时一定先确定房间通风系统已打开)。

5. 进样

先接入去离子水进行仪器调零,再进样空白样品观察吸光度变化情况,依次进行标准曲线各点和待测样品的进样,记录吸光值。并将实验数据保存到数据盘里。

6. 关机

点击熄火,关闭乙炔气体和空压机,待仪器进样去离子水 20~30 min 后,关仪器软件,最后关电脑和仪器电源。

7. 数据处理。

## 五、实验结果

计算金属元素的含量。

## 六、思考题

(1)简述样品湿法消解法中酸的选择原则。
(2)比较3种原子化方法的优缺点。
(3)尝试简要说明测定样品中金属元素的基本步骤。

# 实验十 重组毕赤酵母菌高密度发酵生产胰蛋白酶的工艺

## 一、实验目的

1.了解重组毕赤酵母高密度发酵的方法。
2.了解基于发酵生产酶制剂的重组毕赤酵母构建原理。
3.掌握重组毕赤酵母发酵过程参数相关分析方法。
4.了解并掌握发酵过程中工艺参数控制及酶活力测定的原理和方法。

## 二、实验原理

胰蛋白酶(Trypsin,EC 3.4.21.4)是自然界中广泛存在的丝氨酸蛋白水解酶家族中的一种重要类型。胰蛋白酶在自然界中来源广泛,尤其在哺乳动物和昆虫的消化道内,胰蛋白酶分布尤为丰富,在微生物中亦有相对较多的分布。胰蛋白酶在不同的生物有机体内,在不同的生理部位,或者在不同的生理阶段执行不同的功能,分别具有不同的作用,比如活化其他蛋白酶,辅助动物消化及调控微生物生长代谢。虽然胰蛋白酶具有不同的功能,但是胰蛋白酶作为一种催化剂,其催化本质是相同的:胰蛋白酶能够识别蛋白质中肽链内部的赖氨酸或精氨酸残基,并专一性的识别并切割赖氨酸或精氨酸残基的羧基端,断裂肽链内部肽键形成水解短肽或游离氨基酸残基。随着对胰蛋白酶研究的深入,逐渐发现胰蛋白酶不仅能够专一识别精氨酸或赖氨酸,而且能够断裂这两种氨基酸羧基端形成的酰胺键或酯键,进而产生两种评价蛋白酶酶活力的方法:酰胺酶活力及酯酶活力。

胰蛋白酶的专一催化水解特性使得其在众多领域存在广泛应用。胰蛋白酶较早被应用于皮革加工工艺中,被广泛地应用于皮革的浸水、脱毛、局部处理及脱灰软化等阶段,尤其在皮革的局部处理及脱灰软化阶段,清除残留在裸皮中的皮垢,去除皮革中的纤维间质,对胶原进行疏散,提高皮革的丰满柔软度、弹性及粒面光滑度,是皮革加工成熟过程中的重要应用酶制剂。此外,哺乳动物来源的胰蛋白酶因其助消化功能,也被广泛地应用于医药、食品加工工业。

蛋白酶活力是胰蛋白酶的主要性能指标之一。用溶解的酪素作为底物测定蛋白酶活力具有原料易得、测定结果可重复性高的优点,是最常见的蛋白酶活力的测定方法,但对于不同种类的蛋白酶制剂,对底物酪素的作用性能并不能完全反映酶制剂对其他底物的作用性能。胰蛋白酶属于丝氨酸蛋白酶大类,而大多数丝氨酸蛋白酶没有绝对的专一

性,它们能使带有种种侧链的肽键发生断裂,这些侧链紧接着有待断裂的肽键(可切断的键),这是因为多肽底物与酶的结合呈现出非专一性,其中多肽底物的主链原子在一端的反平行 β 片层中与酶的环区主链原子形成氢键。有一个氢键在酶-底物复合物中是长的,而在模拟过渡态的复合物中是短的。因此,这种非专一性的结合对过渡态的稳定有一定的贡献。尽管丝氨酸蛋白酶存在上述的非绝对专一性,但是在同类中的很多酶优先选择可切断键前面的侧链,如多肽链的氨基端所显示的那样。胰蛋白酶优先选择在赖氨酸或精氨酸侧链羧基端断裂肽键。在利用这些酶产生适于氨基酸序列测定和肽谱鉴定的肽段时,以上的优先选择性被充分利用。在每一种情况下,得到优先选择的侧链被定向,以便适合于酶分子中的所谓专一性口袋(specificity pocket)。因此,为了专一性的表征胰蛋白酶的水解活力,将其专一性识别的精氨酸,通过苯甲酰化学修饰,用酰胺键和酯键分别连接有对硝基苯胺化和酯化的显色基团,获得两种胰蛋白酶专一识别底物:$N\alpha$-苯甲酰-DL-精氨酸-p-硝基苯酰胺(BAPNA)和 $N\alpha$-苯甲酰-L-精氨酸乙酯(BAEE),从而可以利用此两种底物表征胰蛋白酶水解活力,其中胰蛋白酶对 BAPNA 的专一性要高于 BAEE,而 BAEE 除了对胰蛋白酶敏感,还对胰凝乳蛋白酶较为敏感,因而混合体系中的胰蛋白酶酶活测定常用 BAPNA 作为专一性底物。但是由于 BAPNA 和 BAEE 连接精氨酸的键不同,因此,BAEE 亦可作为纯胰蛋白酶酶活及酶学特性表征的底物,但将其常常作为胰蛋白酶工业酶活力评价的底物使用。因此,可将胰蛋白酶酶活力分为酰胺酶活力(以 BAPNA 为底物)和酯酶活力(以 BAEE 为底物)。

### 三、实验试剂、材料和仪器

**1. 菌种**

GS115-Exmt(R145I)菌株,基因型为 Mut[+]、His[+],表达载体为含有胰蛋白酶基因的 pPIC9k/trypsin,蛋白引导序列来自酿酒酵母的 α-交配因子(α-mating factor,α-MF),菌株能稳定表达高比活的胰蛋白酶。

**2. 培养基及溶液配制**

(1)YPD 种子(平板)培养基:酵母浸出粉 10 g/L,胰蛋白胨 20 g/L,葡萄糖 20 g/L,琼脂 20 g/L。灭菌条件:湿热灭菌,105 ℃灭菌 15 min。

(2)基础培养基(BSM):*Pichia. Pastoris*-AOX 启动子重组菌高密度发酵培养基(BSM)。高密度发酵培养基见表3-9。

表3-9　高密度发酵培养基成分

| 成分 | 含量/(g/L) |
| --- | --- |
| 甘油 | 40 |
| $K_2SO_4$ | 18 |
| KOH | 4.13 |
| $MgSO_4 \cdot 7H_2O$ | 14.9 |
| $H_3PO_4$ | 27 mL |
| $CaSO_4$ | 0.948 |
| 微量元素离子液(PTM 1) | 4.4 mL |
| 灭菌条件:湿热灭菌,105 ℃灭菌 15 min | |

（3）PTM 1 溶液：PTM 溶液成分见表 3-10。

表 3-10　PTM 溶液成分

| 成分 | 含量/（g/L） | 成分 | 含量/（g/L） |
|---|---|---|---|
| $CuSO_4 \cdot 5H_2O$ | 6 | $CoCl_2$ | 0.5 |
| KI | 0.09 | $ZnCl_2$ | 20 |
| $MnSO_4 \cdot H_2O$ | 3 | $FeSO_4 \cdot 7H_2O$ | 65 |
| $H_3BO_3$ | 0.02 | Biotin | 0.2 |
| $MoNa_2O_4 \cdot 2H_2O$ | 0.2 | $H_2SO_4$ | 5 mL |
| 灭菌条件：0.22 μm 过滤除菌 | | | |

（4）PTM 1 溶液 50% 甘油补料生长培养基：甘油 50 g 用蒸馏水定容至 100 mL，115 ℃灭菌 20 min，冷却后加入 PTM 1 溶液，PTM 1 溶液加入量为 12 mL/L，并摇匀。

（5）100% 甲醇诱导培养基：每升 100% 甲醇中加入 12 mL PTM 1 并摇匀，即成。

（6）500 mL 1 mol/L HCl 的配制：按照浓 HCl（36% ~ 37%）位 12 mol/L 计，12 mol/L ×$a$=500 mL×1 mol/L，最终得 $a$=41.667 mL。

## 四、实验内容

**1. 毕赤酵母重组质粒的转化及重组子的验证**

*P. pastoris* 重组质粒的电转化及重组子的筛选，参见 *Invirtogen* 公司 *Multi-CopyPichia Expression Kit* 使用说明。基因多拷贝插入 *P. pastoris* 基因组的获得是利用限制性内切酶 SalI 获得重组质粒 HIS4 基因上下游同源臂，进而插入到 *P. pastoris* 基因组，采用此种质粒线性化方式而获得的重组菌具有遗传霉素（*G*418）抗性，并且由于基因插入事件不影响基因组 HIS4 基因的完整性，使得具有同源臂的线性化质粒可以多次插入基因组而获得高拷贝插入重组菌，线性化质粒整合到基因组中使得重组质粒中从启动子区域到终止子区域的基因均被整合到基因组（图示），因此 *P. pastoris* 重组子的鉴别及基因表型的鉴别可采用 PCR 方法进行验证。使用启动子上游引物和终止子下游引物，以重组菌基因组为模板进行 PCR 将获得带有插入基因大小的基因片段，若以插入空质粒的重组菌基因组为模板，则获得不带有插入基因的基因片段，利用相同引物对不同重组菌基因组所获得 PCR 片段，比较 PCR 片段的大小则可作为鉴定重组子是否构建成功的方法。

**2. 胰蛋白酶酰胺酶酶活的测定**

利用人工合成的具有上述肽链的 Nα-苯甲酰-DL-精氨酸-p-硝基苯酰胺（BAPNA）作为底物，在 410 nm 下测定胰蛋白酶催化 BAPNA 的产物对硝基苯胺的吸光系数，利用吸光系数在 10 min 内的变化率来反映胰蛋白酶的酶活大小。具体测定方法为：将 43.5 mg BAPNA 先溶解于 1 mL 二甲基甲酰胺（DMF）中，之后再将该混合体系溶解于 50 mmol/L、pH=8.0 的 Tris-HCl 缓冲液（10 mmol/L CaCl₂）中，此即为胰蛋白酶酰胺酶酶活测定的底物溶液。测定过程为：在 37 ℃下，测定 100 μL 粗酶液同 900 μL BAPNA 溶液在光径 0.5 cm 的反应池中,在 410 nm 下 10 min 内的吸光值变化,得到 $\Delta A_{410\,nm/min}$。酶活定义为:在 37 ℃ 下,10 min 内 $\Delta A_{410\,nm/min}$ 升高 0.1 即为胰蛋白酶的 1 个酰胺酶水解单位。利用下面的公式计算得到粗酶液酰胺酶酶活:

$$酰胺酶酶活/mL = \frac{\Delta A_{410\,nm/min} \times 10 \times 稀释倍数}{粗酶液体积(mL)}$$

$$酰胺酶酶活/mL = \Delta A_{410\,nm/min} \times 10 \times 稀释倍数$$

Tris-HCl 缓冲液的配制:Tris 即三羟基氨基甲烷,$M = 121.135\,04$ g/mol,分子式为 $C_4H_{11}NO_3$,其可以用来缓解剧烈的 pH 变化,保持体系的 pH 范围稳定在 7.0~9.0。

(1)计算 Tris 的摩尔数。

(2)计算 Tris 的质量。

(3)将称量好的 Tris 溶解于水中,溶解需要量的 Tris 至所需体积的 1/3。

(4)调节 pH:利用酸度计,调节 Tris 溶液的 pH,利用 1 mol/L HCl 调节直至到所需的 pH。

(5)稀释至所需体积,将 Tris-HCl 混合体系加入到适宜的容量瓶中,加去离子水至所需体积即可。

**3. 活化培养**

从甘油管中挑取一环菌液于固体 YPD 培养基上活化至出现单菌落,再挑取单一菌落至液体 YPD 培养基中,250 mL 三角摇瓶装 30 mL 培养基,30 ℃培养 18~24 h。

**4. 种子培养**

将活化后菌体按 10% 的接种量接种到种子培养基中,重组菌 *P. pastoris* GS115/mt 的种子培养基为液体 YPD 培养基;重组菌 *P. pastoris* GS115/mt 和 *P. pastoris* GS115/mt 的种子培养基为 BMGY 培养基。种子培养基 250 mL 三角摇瓶装 30 mL 培养基,30 ℃、200 r/min 回转式摇床培养 24 h。

**5. *P. pastoris* 重组菌 3 L 罐高密度发酵**

*P. pastoris* 重组菌高密度发酵培养条件从活化好的 YPD 平板上挑取单菌落至 50 mL YPD 中(50 mL 培养基装于 500 mL 三角瓶中),于 30 ℃、200 r/min 培养 24 h,$OD_{600\,nm}$ 一般是 8~10。将培养好的 YPD 培养基中的菌液通过火圈接入 3 L 全自动发酵罐中,接种量为 10%,初始搅拌转速为 500 r/min,通气量为 2 [V/(V·min)],以 25% 的浓氨水和 30% 的磷酸溶液控制 pH 为 5.5 左右,生长期的培养温度为 30 ℃,设置搅拌速率和 DO 的关联控制,搅拌转速可根据溶液的变化而变化,以维持 DO 在 30% 左右。当甘油耗尽(DO 迅速上升)时,此时 $OD_{600\,nm}$ 为 30~40,以指数流加方式添加 500 g/L 的甘油培养基共 540 mL。待甘油再次耗尽,溶液再次反弹,此时 $OD_{600\,nm}$ 为 400~450。继续保持基质匮乏状态约 1 h 后,开始流加诱导培养基,同时保持诱导温度 30 ℃不变,并且维持整个诱导过程甲醇残留浓度为 20 g/L。甘油分批发酵阶段(glycerol batch phase):一般最初甘油浓度为 40~50 g/L。在这一阶段,菌体经历了延滞期和生长期,在指数生长期,初始甘油被耗完。种子活力通常影响延滞期和分批发酵阶段时间的长短。

补料分批发酵阶段(fed-batch phase):当培养基中的初始碳源(甘油或者葡萄糖)耗尽时,溶氧便急剧回升,此时开始流加甘油或者葡萄糖等碳源,使菌体维持的特定比生长速率继续生长。在补料分批阶段,流加策略是目前研究较多的一个环节,目前使用较多的策略是采用指数流加或者溶液反馈调节来补充碳源。当培养基中的碳源被再次耗尽时，$DO$ 又开始回升，此时便可开始流加甲醇，诱导外源基因的表达。

诱导表达阶段（methanol fed-batch phase）：对于 Mut⁺ 表型的菌株，一般采用单纯流加甲醇的方式。而对于 Muts 型和 Mut⁻ 型的菌株来说，多采用混合碳源的流加方式使细胞在表达外源蛋白的同时仍可保持一定的生长速率，以此缓解甲醇对细胞造成的毒害作用。但诱导表达阶段一般不采用葡萄糖或者甘油这类抑制性碳源与甲醇混合添加，因为这类碳源的流加速率较难控制，一旦发生积累将会严重抑制 *aox*1 基因的转录，从而影响外源基因的表达。指数流加校正表如表 3-11 所示。

表 3-11　指数流加校正表

| 时间/h | 发酵液初始装液量 | |
| --- | --- | --- |
| | 1.2 L | 0.8 L |
| 1 | 20.2 mL/h | 13.5 mL/h |
| 2 | 24 mL/h | 16mL/h |
| 3 | 28.7 mL/h | 19.2 mL/h |
| 4 | 34.2 mL/h | 22.8 mL/h |
| 5 | 40.7 mL/h | 27.2 mL/h |
| 6 | 48.6 mL/h | 32.4 mL/h |
| 7 | 57.9 mL/h | 38.6 mL/h |
| 8 | 69.1 mL/h | 46.1 mL/h |
| 9 | 82.4 mL/h | 54.9 mL/h |
| 10 | 98.2 mL/h | 65.5 mL/h |
| 11 | 85 mL/h | 56.7 mL/h |
| 12 | 70 mL/h | 46.7 mL/h |
| 13 | 55 mL/h | 36.1 mL/h |
| 14 | 44 mL/h | 30 mL/h |

## 五、实验结果

填写发酵过程记录表（表 3-12），并进行分析。

表 3-12　发酵过程记录表

| 培养时间/h | pH | 菌液浓度（$OD_{600\,nm}$） | 菌体干重 | 溶氧 | 转速/（r/min） | 通气量/（L/min） | 甲醇消耗率/% | 酶活力 | 交接班 |
|---|---|---|---|---|---|---|---|---|---|
| 0 | | | | | | | | | |
| 6 | | | | | | | | | |
| 12 | | | | | | | | | |
| 18 | | | | | | | | | |
| 24 | | | | | | | | | |
| 30 | | | | | | | | | |
| 36 | | | | | | | | | |
| 42 | | | | | | | | | |
| 48 | | | | | | | | | |
| 54 | | | | | | | | | |
| 60 | | | | | | | | | |

## 六、思考题

高密度培养操作过程中需要注意哪些问题？

# 实验十一　从土壤中分离筛选产抗生素放线菌并进行放大培养及抗菌谱分析

## 一、实验目的

1. 进一步熟悉从土壤中初步筛选分离产抗生素的放线菌。
2. 掌握利用高氏一号培养基分离纯化放线菌。
3. 了解抗生素发酵的一般规律和代谢调控理论。
4. 进一步巩固抗生素效价的测定。
5. 了解并掌握种子制备及摇瓶发酵技术和方法。
6. 了解小型发酵罐的基本结构。
7. 熟悉小型发酵罐的使用方法和保养。

## 二、实验原理

放线菌是一类呈菌丝状生长，主要以孢子繁殖。放线菌与人类的生产和生活关系极为密切，目前广泛应用的抗生素约 80% 是各种放线菌所产生的。

许多临床应用的抗生素均由土壤中分离的放线菌产生。采用选择培养基可分离土壤中的放线菌。产抗生素的放线菌经液体培养后，其分泌的抗生素存在于离心所得的上清液中,可采用微生物的抑菌试验进行检测,从而筛选到所需的抗生素产生菌,并对其进一步培养、繁殖、发酵,最终提取到所需的抗生素。

如果培养基成分改变,或土壤预先处理(120 ℃热处理 1 h),或加入某种抑制剂(如加 150 mg/L 的重铬酸钾等),都可以使细菌、霉菌出现的数量大大减少,从而淘汰了其他杂菌。再通过稀释法,使放线菌在固体培养基上形成单独菌落,并可得到纯菌株。放线菌可以产生抗生素,抑制其他菌种的生长,故可用枯草芽孢杆菌(G⁺)和大肠杆菌(G⁻)作指示菌鉴别放线菌。高氏一号合成培养基是培养放线菌的培养基。这种培养基是采用化学成分完全了解的纯试剂配制而成的培养基。

### 三、实验试剂、材料和仪器

1. 材料

在周口师范学院校内河里取得的土壤。

2. 试剂

(1)淀粉琼脂培养基(高氏培养基):可溶性淀粉 2 g,硝酸钾 0.1 g;磷酸氢二钾 0.05 g,氯化钠 0.05 g,硫酸镁 0.05 g,硫酸亚铁 0.001 g,琼脂 2 g,水 100 mL。先把淀粉放在烧杯里,用 5 mL 水调成糊状后,倒入 95 mL 水,搅匀后加入其他药品,使其溶解。加热到沸腾时加入琼脂,不停搅拌,待琼脂完全溶解后,补足失水。调整 pH 值到 7.2 ~ 7.4,分装后灭菌,备用。

(2)面粉琼脂培养基:面粉 60 g,琼脂 20 g,水 1 000 mL。把面粉用水调成糊状,加水到 500 mL,放在文火上煮 30 min。另取 500 mL 水,放入琼脂,加热煮沸至溶解后,把两液调匀,补充水分,调整 pH 值到 7.4,分装,灭菌,备用。

(3)重铬酸钾。

3. 仪器

培养皿、牛津杯、接种环、酒精灯、无菌涂棒、三角锥瓶、高压蒸汽灭菌锅、天平、药匙、烧杯、量筒、玻璃棒、试管、牛皮纸、线绳等。

### 四、实验内容

#### (一)土壤中放线菌的分离

1. 土壤放线菌株的采集

采集样品:选定取样点(最好是有机质含量高的菜地),按对角交叉(五点法)取样。先除去表层约 2 cm 的土壤,将铲子插入土中数次,然后取 2 ~ 10 cm 处的土壤。将五点样品约 1 kg 充分混匀,除去碎石、植物残根等。样品(土壤)处理:室温风干。

2. 土壤悬液梯度稀释

(1)将 5.0 g 土壤加入到 50 mL 灭菌的生理盐水中,振荡 10 min 制备土壤悬液。

(2)将 6 套平皿、12 只试管也同时灭菌。灭完菌后,待高氏一号培养基冷却到 60 ℃,然后倒平板,进行冷却,待用于涂布。

(3)用无菌吸管吸取 1 mL 土壤悬液,加入到 9 mL 灭菌的生理盐水中 10 倍稀释。

(4)按 1:1 稀释至 $10^{-3}$、$10^{-4}$、$10^{-5}$、$10^{-6}$、$10^{-7}$、$10^{-8}$,将 3 块灭菌平板分别依次标记,稀释过程应在无菌条件下进行。

### 3. 涂布培养

用枪头约取 1 mL 稀释液加入平板中,用涂布棒进行涂布。接种完毕,将平皿和试管放入 28 ℃恒温箱培养 7 天。

### 4. 分离纯化

将平皿上的放线菌菌落挑取到淀粉琼脂平皿上四区划线进行分离纯化,28 ℃恒温培养一周左右,观察放线菌菌落特征。

### 5. 涂片

显微镜观察放线菌的菌丝特征。

### (二)抗菌谱的测定

(1)挑取一个放线菌的菌落接种到含有 250 mL 淀粉液体培养基的三角瓶,28 ℃恒温培养一周左右。

(2)将 2 mL 培养 8 h 的金黄色葡萄球菌和大肠杆菌分别加到 200 mL 灭菌的牛肉膏蛋白胨培养基中混合均匀,每培养皿中倒 20 mL,凝固后待用。

(3)在上面培养皿中均匀放入 4 个牛津杯,每个牛津杯中加入 1 mL 放线菌发酵培养液。培养皿放入 37 ℃培养箱恒温培养 12 h。

(4)测量抑菌圈的大小。

### (三)放大培养

### 1. 接种

在超净工作台上,将长好的斜面孢子用无菌接种针挖块约 0.5 cm×1 cm,接种于灭过菌的高氏一号培养基中。

### 2. 培养

将接种好的种子摇瓶于 28 ℃恒温室摇床上,转速为 200 r/min,培养 48 h 左右。

### 3. 发酵罐实罐灭菌

将发酵罐冷凝水管路断开,拔下电极,打开罐盖,将发酵培养基装入发酵罐及补料瓶,易产生泡沫的培养基尽量不要超过两升。连接管路:取样管路连接,补料管路连接;空气过滤器用硅胶管与罐盖空气管连接,并用弹簧夹夹紧;排气口与过滤器用硅胶管连接;安装温度电极、pH 电极、溶氧电极,pH 电极用们帽盖紧电极上端口,溶氧电极用铝箔纸包裹电极上端口,防止受潮。盖紧其他罐盖接口。提起玻璃罐体及补料瓶放入灭菌锅,盖好牛皮纸,盖好锅盖,确定发酵温度及时间。灭菌结束后,尽快将罐放回原位并尽快通入空气。

### 4. 发酵操作

将灭菌后的罐体放回原位,连接冷凝水管路,通入冷凝水,连接通气管路,调整通气量至 3~5 L/min。

将温度电极、pH 电极、溶氧电极与控制器连接。

补料管连接:打开补料蠕动泵防护盖,搬开进出口处的白色管夹,将硅胶管嵌入入口处的管夹并夹紧,用手转动泵头,将硅胶管沿凹槽安装直至出口处,开手动开关约十秒后夹紧出口处管夹,关手动开关;将酒精棉球放在罐盖补料口内,将针头插入并穿透密封盖;打开蠕动泵手动开关,使输液管中充满料液,置于自动状态。

5. 接种

将培养 48 h 的摇瓶种子接种于发酵罐中，使用接种圈放置酒精棉点燃，进行无菌接种，接入 100 mL 种子。接种后立即进行第一次取样。

6. 发酵生产。

7. 发酵过程的测定

发酵液状态观察：黏度、颜色、气味、菌丝形态发酵。

残糖的测定：DNS 法。

氨基酸氮的测定：甲醛法。

取 2 mL 发酵液滤液于三角瓶内，加蒸馏水 10 mL，甲基红指示剂 2 滴，用 0.3 mol/L HCl 调节 pH 至溶液呈红色，再用 0.028 58 mol/L NaOH 溶液调 pH 至溶液呈橙色（中性），加 18% 中性甲醛溶液 4 mL 摇匀，静置 10 min，加 1% 酚酞指示剂 8 滴，用 0.028 58 mol/L NaOH 标准溶液滴定至微红色为终点。氨基氮的计算公式为：

$$氨基氮（mg/100\ mL）= 滴定体积 \times 20$$

## 五、实验结果

（1）描述从土壤中分离的放线菌菌落的形态特征，并分别描述细菌、酵母菌和霉菌的菌落特征。

（2）描述所分离的放线菌所产生的抗生素的抗菌谱。

（3）测定发酵过程参数。

## 六、思考题

分离放线菌时，在淀粉固体培养基中加入 10% 酚的作用是什么？

# 实验十二　利用发酵罐进行谷氨酸的发酵生产

## 一、实验目的

1. 了解发酵工业菌种制备工艺和质量控制，为发酵实验准备菌种。

2. 了解发酵罐罐体的构造和管道系统，掌握对发酵罐及其管道系统的灭菌方法；了解发酵罐的操作，完成谷氨酸发酵的全过程。

3. 复习还原糖和总糖的测定原理，进一步巩固比色法测定还原糖的方法。

4. 复习并巩固茚三酮比色法检测发酵液中谷氨酸浓度的方法。

## 二、实验原理

目前工业上应用得比较多的是谷氨酸发酵。工业上采用谷氨酸发酵来生产菌类，主要有谷氨酸棒状杆菌、乳糖发酵短杆菌、散枝短杆菌、黄色短杆菌、噬氨短杆菌等。目前中国谷氨酸总发酵能力已接近 160 万吨，约占全球谷氨酸产能的 75%。

谷氨酸的生物合成途径大致是：葡萄糖经糖酵解（EMP 途径）和己糖磷酸支路（HMP 途径）生成丙酮酸，再氧化成乙酰辅酶 A（乙酰 CoA），然后进入三羧酸循环，生成 α-酮戊

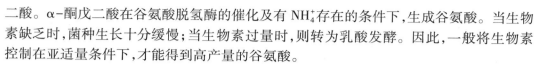

二酸。α-酮戊二酸在谷氨酸脱氢酶的催化及有 $NH_4^+$ 存在的条件下,生成谷氨酸。当生物素缺乏时,菌种生长十分缓慢;当生物素过量时,则转为乳酸发酵。因此,一般将生物素控制在亚适量条件下,才能得到高产量的谷氨酸。

在谷氨酸发酵中,如果能够改变细胞膜的通透性,使谷氨酸不断地排到细胞外面,就会大量生成谷氨酸。研究表明,影响细胞膜通透性的主要因素是细胞膜中的磷脂含量。因此,对谷氨酸产生菌的选育,往往从控制磷脂的合成或使细胞膜受损伤入手,如生物素缺陷型菌种的选育。生物素是不饱和脂肪酸合成过程中所需的乙酰 CoA 的辅酶。生物素缺陷型菌种因不能合成生物素,从而抑制了不饱和脂肪酸的合成。而不饱和脂肪酸是磷脂的组成成分之一。因此,磷脂的合成量也相应减少,这就会导致细胞膜结构不完整,提高细胞膜对谷氨酸的通透性。

在发酵过程中,氧、温度、pH 和磷酸盐等的调节和控制如下:①氧。谷氨酸产生菌是好氧菌,通风和搅拌不仅会影响菌种对氮源和碳源的利用率,而且会影响发酵周期和谷氨酸的合成量。尤其是在发酵后期,加大通气量有利于谷氨酸的合成。其中谷氨酸棒状杆菌在溶氧不足时产生的是乳酸或琥珀酸。②温度。菌种生长的最适温度为 30 ~ 32 ℃。当菌体生长到稳定期,适当提高温度有利于产酸,因此,在发酵后期,可将温度提高到 34 ~ 37 ℃。③pH。谷氨酸产生菌发酵的最适 pH 在 7.0 ~ 8.0。但在发酵过程中,随着营养物质的利用,代谢产物的积累,培养液的 pH 会不断变化。如随着氮源的利用,放出氨,pH 会上升;当糖被利用生成有机酸时,pH 会下降。其中谷氨酸棒状杆菌在 pH 呈酸性时生成乙酰谷胺酰胺。④磷酸盐。它是谷氨酸发酵过程中必需的,但浓度不能过高,否则会转向缬氨酸发酵。发酵结束后,常用离子交换树脂法等进行提取。

谷氨酸除用于制造味精外,还可以用来治疗神经衰弱以及配制营养注射液等。我国的谷氨酸发酵虽然在产量、质量等方面有了较大的提高,但与国外先进水平相比还存在一定差距,主要表现在:设备陈旧,规模小,自控水平、转化率和提取率低,易受噬菌体污染,废水污染问题尚未完全解决等。

### 三、实验试剂、材料和仪器

**1. 菌种**

谷氨酸产生菌 BL-115。

**2. 试剂**

将 40% 尿素溶液、1% 水解糖液、4% 水解糖液分别装入流加瓶中,121 ℃,15 min备用。

**3. 培养基**

(1)一级种子培养基:按下列培养基配方配 1 000 mL 一级种子培养基。按 20% 装液量分装后,于 121 ℃灭菌 30 min 冷却备用。

葡萄糖 2.5%、尿素 0.5%、硫酸镁 0.04%、磷酸氢二钾 0.1%、玉米浆 2.5% ~ 3.5%、磷酸亚铁、硫酸锰各 0.0002%,pH 7.0。

(2)二级种子培养基:按下列培养基配方配制 1 000 mL 二级种子培养基,并按 20%装液量分装于三角瓶中后,于 121 ℃灭菌 30 min 冷却备用。

水解糖 2.5%、玉米浆 2.5% ~ 3.5%、$K_2HPO_4$ 0.15%、$MgSO_4$ 0.04%、尿素 0.4%、

$FeSO_4$ 0.0002%、$MnSO_4$ 0.0002%、pH 6.8～7.0。

（3）发酵培养基：按下列培养基配方制发酵培养基，并按70%装液量装于小型发酵罐中，离位灭菌，121 ℃实罐灭菌 20 min，冷却备用。

葡萄糖 10%，蜜糖 0.18%～0.22%，玉米浆 0.1%～0.15%，$Na_2HPO_4$ 0.17%，KCl 0.12%，$MgSO_4$ 0.04%，用 NaOH 溶液调 pH 7.20 于 110 ℃灭菌 20 min，冷却备用。

**4. 仪器设备**

摇床、显微镜、华勃氏呼吸器、分光光度计、蒸汽发生器、5 L 发酵罐、空压机等。

## 四、实验内容

**1. 一级种子培养**

将斜面菌种接入已灭菌冷却的一级种子培养基中（250 mL 三角瓶内接入 1～2 环）于 32 ℃±1 ℃、250 r/min 条件下培养 12 h。

一级种子质量要求：种龄 12 h；pH＝6.4±0.1；光密度，净增 OD 值 0.5 以上；无菌检查阴性，噬菌体检查无。

**2. 二级种子培养**

在已灭菌的二级种子培养基中，按 0.5%～1.0% 接入上述以培养好的一级种子，于 32 ℃±1 ℃、250 r/min 条件下培养 7～8 h。二级种子质量要求：种龄 7～8 h，pH 6.8～7.2，OD 值净增 0.5 左右；无菌检查，噬菌体无，残糖消耗 1% 左右；镜检，生长旺盛，排列整齐，$G^+$。

**3. 发酵生产操作**

（1）发酵液冷却至 40 ℃左右时，通过蠕动泵加第一次尿素，添加量为 0.8%～1.0%。

（2）接种。将前次实验制备的二级种子 8%～10% 的接种量接入发酵罐。于 35 ℃±1 ℃、250 r/min 条件下培养 35 h。

（3）发酵过程的控制

温度控制：谷氨酸发酵 0～12 h 为长菌期，最适温度在 30～32 ℃，发酵 12 h 后进入产酸期，控制 34～36 ℃。由于发酵期代谢活跃，发酵罐要注意冷却，防止温度过高引起发酵迟缓。

pH 控制：发酵过程中产物的积累导致 pH 下降，而氮源的流加导致 pH 的升高，发酵中，pH 值进行控制，即 8 h 前 pH 7.0～7.6，8 h 后 pH 7.2～7.3，20～24 h 期间 pH 7.0～7.1，24～35 h 期间 pH 6.5～6.6，尿素流加总量为 4%。

糖液流加：从第 10 h 开始每隔 4 h 补糖一次，每次补入 1% 的水解糖液，在发酵 26 h 前补入 4% 的水解糖液。

发酵过程中，需注意完成下列工作：

（1）注意发酵罐运转是否正常，检查各控制参数是否在适合的范围内，遇有故障及时排除。

（2）每两小时取样一次，每次取样 50 mL，取样时，用量筒准确取流出的培养液 50 mL，对号倒入三角瓶中，封口，来不及测定的样液要立即放入冰箱保存。

（3）每 2 h 记录发酵过程温度、pH、OD 值、通风、转速的测定数值，并记录操作情况。

（4）样液检测：对每份样液进行镜检，经单染后观察菌体形态；测定还原糖，测定菌体

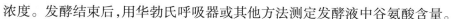

浓度。发酵结束后,用华勃氏呼吸器或其他方法测定发酵液中谷氨酸含量。

（5）OD 值测定方法:均匀取样 5 mL 于编号试管中,用空白发酵液稀释至一定浓度,在 721 分光光度计上测定 $A_{600\,nm}$,根据菌体浓度与吸光度之间关系的标准曲线换算出菌体浓度。其余发酵于 2 000 r/min 条件下离心分离 8 min,上清液入编号三角瓶,用于测糖。

（6）还原糖测定:用菲林快速定糖法。

（7）菌体形态观察:革兰氏染色,油镜观察菌形、革兰氏染色结果以及有无杂菌污染。

**4. 放罐**

达到放罐标准后,及时放罐。经过发酵约 35 h 后,残糖在 1% 以下且糖耗缓慢或残糖≤0.5%,菌量增长值（OD）缓慢时,便可放罐,放罐操作同取样。排放液需灭菌处理才可进入下水道。

**5. 清洗**

放罐后,将发酵罐清洗干净,关闭所有电源。

**6. 粗提**

用浓硫酸将发酵液 pH 调至谷氨酸的等电点（pH 3.15）,用等电点法进行谷氨酸的粗提。

## 五、实验结果

（1）发酵过程中测定糖含量和谷氨酸含量。

（2）附一张成品图于实验报告后面。

## 六、注意事项

**1. 生物素**

作为催化脂肪酸生物合成最初反应的关键酶乙酰 CoA 的辅酶,参与脂肪酸的生物合成,进而影响磷脂的合成。当磷脂含量减少到正常时的一半左右时,细胞发生变形,谷氨酸能够从胞内渗出,积累于发酵液中。生物素过量,则发酵过程菌体大量繁殖,不产或少产谷氨酸,代谢产物中乳酸和琥珀酸明显增多。

**2. 种龄和种量的控制**

一级种子控制在 11～12 h,二级种子控制在 7～8 h。接种量为 1%。过多,菌体娇嫩,不强壮,提前衰老自溶,后期产酸量不高。

**3. pH**

发酵前期,幼龄细胞对 pH 较敏感,pH 过低,菌体生长旺盛,营养成分消耗大,转入正常发酵慢,长菌不长酸。谷氨酸脱氢酶最适 pH 为 7.0～7.2,转氨酶最适 pH 为 7.2～7.4。在发酵中后期,保持 pH 不变。过高转为谷氨酰胺,过低氨离子不足。

**4. 通风**

不同种龄、种量、培养基成分、发酵阶段及发酵罐大小要求通风量不同。在长菌体阶段,通风量过大,生物素缺乏,抑制菌体生长。在发酵产酸阶段,需要大量通风供氧,以防过量生成乳酸和琥珀酸,但过大通风,则大量积累 α-酮戊二酸。

## 七、思考题

(1)谷氨酸发酵的原理是什么?

(2)发酵罐实操过程中需要注意哪些事项?

(3)比色法测定还原糖的原理是什么?

# 实验十三  黄色短杆菌 YILW 生产 L-异亮氨酸的发酵工艺研究

## 一、实验目的

1. 了解发酵法生产 L-异亮氨酸的实验原理。

2. 掌握发酵法生产 L-异亮氨酸的工艺过程及其参数的测定。

## 二、实验原理

异亮氨酸(2-amino-3-methylvalcric acid)由 Ehrlich 于 1904 年首次从甜菜糖浆中分离出来,其化学组成虽与亮氨酸相同,但理化性质各异,故命名为异亮氨酸。异亮氨酸有 4 种光学异构体,自然界中存在的仅为 L-异亮氨酸。

哺乳动物体本身不能合成 L-异亮氨酸,所以,作为人体必需的 8 种氨基酸之一,成年人每天需要从外界摄取 20 mg/kg(体重)的 L-异亮氨酸。L-异亮氨酸是合成人体激素、酶类的原料,具有促进蛋白质合成和抑制其分解的效果,在人体生命活动中起着重要作用,因此,在食品和医药行业具有广泛的应用及商业价值。在食品方面,主要用于食品强化,使各种氨基酸平衡,提高食品的营养价值。在医药方面,3 种支链氨基酸(缬氨酸、亮氨酸、异亮氨酸)组成的复合氨基酸输液以及大量用于配置治疗型特种氨基酸的药物,如肝安、肝灵口服液,对治疗脑昏迷、肝昏迷、肾病等具有显著疗效,并可取代糖代谢而提供能量,是比较昂贵的氨基酸原料药之一。近年来的研究表明,L-异亮氨酸是一种高效的 β-防御素表达的诱导物,在诱导上皮防御素表达上起着重要作用,作为一种免疫刺激物,对黏膜表面的防御屏障在临床上将起到重要的支持作用。由于 L-异亮氨酸和 L-缬氨酸凝胶具有带正电的端基,是新型低分子量凝胶,不仅可以使纯水和含有无机酸和盐的水溶液成凝胶,而且可以使有机溶剂和油成胶状,可以制备形成水凝胶,其在生物医药、组织工程、光化学、电化学、食品工业、化妆品等领域已被广泛运用。在国外,还将其大量用于乳牛催乳以及饲料添加剂,以及将 L-异亮氨酸添加到饮料中生产功能饮料等。

过去氨基酸都是以酸水解蛋白质制造,自 1956 年日本协和发酵公司用发酵法生产谷氨酸以后,氨基酸的发酵生产发展很快,到目前为止,绝大多数氨基酸已能用发酵法和酶法生产。L-异亮氨酸的生产方法有提取法、化学合成法、发酵法。提取法和化学合成法由于原料来源受限制,生产成本高,污染环境,难以实现工业化生产。微生物发酵法生产 L-异亮氨酸具有原料成本低、反应条件温和、容易实现大规模生产等优点,是目前生产 L-异亮氨酸最主要的方法。L-异亮氨酸发酵有添加前体发酵(又称微生物转化法)和直接发酵菌种方法。早期,异亮氨酸发酵是利用芽孢杆菌(Bacillus)、沙雷氏菌(Serrati)、假单胞菌(Pseudomonas)等使用葡萄糖等作为发酵碳源、能源,再添加特定的前体物质如 α-

氨基丁酸、α-羧基丁酸、D-苏氨酸、α-酮基异戊酸等,以避免氨基酸合成途径的反馈抑制,经微生物作用将其有效地转变为异亮氨酸。直接发酵法是借助微生物具有合成自身所需氨基酸的能力,通过菌株的诱变处理,选育出各种营养缺陷型和氨基酸结构类似物抗性突变株,如黄色短杆菌、谷氨酸棒杆菌、黏质赛氏杆菌、乳糖发酵短杆菌、钝齿棒杆菌、大肠杆菌等,以解除代谢调节中的反馈抑制和阻遏,达到过量积累 L-异亮氨酸的目的。

### 三、实验试剂、材料和仪器

**1. 供试菌株**

黄色短杆菌。

**2. 培养基**

斜面培养基:葡萄糖 5 g/L,酵母膏 5 g/L,蛋白胨 10 g/L,氯化钠 2.5 g/L,琼脂 20 g/L,pH 7.0~7.2,0.1 MPa 湿热灭菌 20 min。

基础种子培养基:葡萄糖 30 g/L,硫酸铵 3 g/L,$KH_2PO_4 \cdot 3H_2O$ 1.5 g/L,$MgSO_4 \cdot 7H_2O$ 0.6 g/L,$FeSO_4 \cdot 7H_2O$ 0.01 g/L,$MnSO_4 \cdot H_2O$ 0.01 g/L,玉米浆 3 g/L,豆饼水解液 4 g/L,维生素 H 2 mg/L,维生素 $B_1$ 3 mg/L,pH 7.0~7.2,0.1 MPa 湿热灭菌 15 min。

基础发酵培养基:葡萄糖 80 g/L,$(NH_4)_2SO_4$ 40 g/L,$FeSO_4 \cdot 7H_2O$ 0.015 g/L,$MgSO_4 \cdot 7H_2O$ 0.5 g/L,$MnSO_4 \cdot H_2O$ 0.015 g/L,$KH_2PO_4 \cdot 3H_2O$ 1.5 g/L,$K_2HPO_4 \cdot 3H_2O$ 3 g/L,维生素 H 100 μg/L,维生素 B 15 mg/L,豆饼水解液 20 g/L,玉米浆 2.5 g/L,pH 7.0~7.2,0.075 MPa 湿热灭菌 15 min。

**3. 仪器**

培养箱、干燥箱、灭菌锅、摇床等。

### 四、实验内容

**1. 培养方法**

种子培养:接一环生长良好的斜面种子至装有 30 mL 种子培养基的 500 mL(共 12 瓶)的摇瓶中,置于旋转式摇床上(180 r/min),31 ℃振荡培养 15 h。

发酵培养:取上述种子培养液以 10%(300 mL)接种量接至含 2.7 L 发酵培养基的 5 L 全自动发酵罐中,31 ℃培养 60 h。

**2. 离子交换法提取**

发酵液预处理:在发酵液中加入草酸并加热至 80 ℃,保温 3 min,离心除去部分钙,上清液用絮凝剂处理,过滤,在波长为 650 nm 处测定透光率,得到最佳絮凝条件。

树脂的预处理:阳离子树脂依次用 20 g/L NaCl、2 mol/L NaOH、2 mol/L HCl 浸泡洗涤,最后浸泡在去离子水中备用。

静态吸附实验:三角瓶中加入 10 mL 交换树脂和 100 mL 的 L-异亮氨酸发酵液,放在恒温摇床柜中振荡,直至平衡为止,以差减法计算平衡交换容量。

动态吸附实验:将一定量的离子交换树脂装入玻璃交换柱中,通入已经预处理过的 L-亮氨酸发酵液,直至穿透液与茚三酮反应呈阳性为止;水洗后,用洗脱剂洗脱,分别收集流出液,确定最佳洗脱条件。

脱色实验:将待脱色的溶液调到一定的 pH 后,加入一定量的活性炭,在一定的温度下搅拌吸附一定时间,过滤得清液,在波长为 400 nm 处测其透光率。

3.分析方法

(1)发酵液中残糖的测定:用 SBA-40 系列生物传感分析仪测定。

(2)*OD* 值的测定:稀释 20 倍后,在波长 560 nm 处用 752 分光光度计测光密度,光程 1 cm。

(3)L-异亮氨酸含量测定:采用纸层析-分光光度计定量法测定。

L-异亮氨酸和 L-丙氨酸含量的测定采用纸色谱定量分析法,将待测液点样于新华 3 号层析纸上,电吹风加热除去氨水,经展开剂($V$ 正丁醇:$V$ 冰醋酸:$V$ 水 $=4:1:1$)展开后,用 1.0% 茚三酮-丙酮溶液显色,剪下斑点加 5 mL 75% 乙醇和 0.2% $CuSO_4 \cdot 5H_2O$(体积比为 39:1)的溶液洗脱,显色液在 570 nm 波长下测吸光值,然后从标准曲线上查出氨基酸的含量。

## 五、实验结果

(1)根据实验结果,确定发酵生产异亮氨酸的合适条件。

(2)计算 L-异亮氨酸产品的含量。

## 六、思考题

(1)本实验的发酵原理是什么?

(2)黄色短杆菌 YILW 生产 L-异亮氨酸发酵过程中需要注意哪些问题?

# 实验十四 从发酵液中采用膜法分离提取 L-色氨酸工艺实验

## 一、实验目的

1.了解膜的结构和影响膜分离效果的因素,包括膜材质、压力和流量等。

2.了解膜分离的主要工艺参数,掌握膜组件性能的表征方法。

3.掌握膜分离流程,比较各膜分离过程的异同。

4.掌握电导率仪、紫外分光光度计等检测方法。

## 二、实验原理

膜提取分离技术是利用天然或人工合成的具有选择透过性的薄膜,以外界能量或化学位差为推动力对双组分或多组分体系进行分离、分级、提纯或富集的技术。膜是膜分离过程的核心部件,分离过程可以理解为一种压力驱动下的连续错流分离过程,在一定的压力下,以膜两侧的压力差为驱动力,以膜为过滤介质,将小于孔径的颗粒透过去,大于孔径的颗粒被截留。而过滤方式有两种(错流过滤和死端过滤),错流过滤的流体通过其切向流动将膜表面被截留的物质冲洗掉,这种连续不断的"吹扫"作用阻止了被截留的物质在膜表面上的聚集沉积,使膜表面污染降至最低,使膜分离过程连续不断地进行。

膜技术种类多,如反渗透、纳滤、超滤、微滤、透析、电渗析、渗透蒸发、液膜、膜萃取、膜蒸馏等,为满足各种中药生产的需要,提供广阔的选择空间。富集产物效率高:根据活性物质或杂质分子量的情况,有目的的选择一定孔径范围的滤膜,一次或两次即可完成药效成分的富集,同时完成杂质的去除,其过程简单,操作方便,分离效率高。常温操作,不破坏活性成分:该技术不需要加热,能耗低,药效成分被破坏的可能性小。尤其适用于热不稳定性活性物质的分离。可分级分离可分离不同分子量范围的溶质。除菌、除热源效果好,热原的分子量大小决定了它能比较容易的通过超滤去除而达到药典的要求;超滤除菌也避免了加热灭菌药液易产生沉淀的问题。简化工艺,缩短生产周期,节约资源(尤其是乙醇),从而降低成本,提高经济效益。

　　一般来讲,分子量高的物质主要是胶质和纤维素等无效成分或药效较低的成分,而中药中的有效成分,分子量一般较小,仅有几百到几千。所以,要根据分子量的差异来选择合适的膜,采用膜分离技术除去杂质,富集有效部位或有效成分。

## 三、实验试剂、材料和仪器

### 1. 仪器

陶瓷膜、离子交换柱、恒温水浴锅、恒速搅拌器、真空旋转蒸发器、离心机、鼓风干燥箱。

### 2. 实验材料

色氨酸发酵液、JK008 树脂、767 活性炭、去离子水、氨水。

## 四、实验内容

### 1. 树脂吸附量测定

取 50 mL 再生好的树脂于锥形瓶中,分别加入 pH 4、pH 6.5 和 pH 11 的色氨酸料液 200 mL,将锥形瓶置于转速 100 r/min 和 25 ℃的摇床中,振荡至料液含量不再变化,测定溶液中色氨酸的浓度,计算树脂在不同 pH 的静态吸附量。

### 2. 色氨酸料液检测与成品检测

料液检测使用吸光法,成品按照药典标准进行电位滴定。

### 3. 工艺路线

发酵液→陶瓷膜→离子交换→高流脱氨→高流脱色→蒸发结晶→烘干

　　将发酵液泵入膜分离系统,经微滤(MF)膜过滤,去除发酵液中较大的杂质微粒和部分菌体,然后将透过膜的清液通过超滤(UF)膜,去除蛋白和色素。超滤膜的清液经热交换器冷却后经反渗透膜进一步浓缩。超滤浓缩液继续循环套用,膜的清洗采用常用的化学清洗方法,应用常规化学清洗剂 0.01 mol/L NaOH 和 0.1 mol/L HCl 间歇清洗。通过测定膜使用前及清洗后纯水通量的变化来评价清洗结果。短期停运(小于 3 天)时对膜的养护以纯水冲洗为主;长期停运(10 天以上)时对膜的养护以杀菌液(0.5%甲醛)封存为主。

### 4. 参数测定

色氨酸测定方法:采用对二甲氨基苯甲醛比色法测定。

可溶性蛋白测定方法:将样品溶液在 280 nm 波长测定其吸光度,并计算蛋白含量(mg/mL)。

色度测定方法:将发酵液直接稀释 100 倍,于 480 nm 处测定其透光率。

## 五、实验结果

首先考察灭菌对发酵液处理的影响,取同一批次发酵液,分为灭菌与未灭菌两种测定料液存放 12 h 前后色氨酸的含量,数据填入表 3-13,并分析。由表 3-13 分析,灭菌后含量的变化,在存放一定时间后是否稳定。灭菌的料液放置 12 h 后没有严重的酸降,而未灭菌的料液酸降较严重。

表 3-13    料液存放色氨酸含量

| 料液名称 | 12 h 前酸含量/(g/L) | 12 h 后酸含量/(g/L) |
|---|---|---|
| 灭菌的料液 | | |
| 未灭菌的料液 | | |

## 六、思考题

提取 L-色氨酸的方法还有哪些?叙述具体步骤。

# 实验十五    离子交换法分离谷氨酸

## 一、实验目的

1. 掌握离子交换分离的原理。
2. 掌握离子交换法的操作技术。
3. 加深对离子交换基本理论的理解,学会离子交换树脂的鉴别。
4. 学会使用手持式盐度计,掌握 pH 计、电导率仪的校正及测量方法。

## 二、实验原理

离子交换法主要是基于一种合成的离子交换剂作为吸附剂,以吸附溶液中需要分离的离子。将溶液中的待分离组分,依据其电荷差异,依靠库仑力吸附在树脂上,然后利用合适的洗脱剂将吸附质从树脂上洗脱下来,达到分离的目的。离子交换剂表面含有离子基团或可离子化基团,通过静电引力吸附带有相反电荷的离子,吸附过程中发生电荷转移。离子交换的吸附质可通过调节 pH 或提高离子强度的方法洗脱。

生物工业中最常用的交换剂为离子交换树脂,广泛用于提取氨基酸、有机酸、抗生素等小分子生物制品。在提取过程中,生物制品从发酵液中吸附在离子交换树脂上,然后在适宜的条件下用洗脱剂将吸附物从树脂上洗脱下来,达到分离、浓缩、提纯的目的。

离子交换法的特点是树脂无毒性且可反复再生使用,少用或不用有机溶剂,因而成本低,设备简单,操作方便。目前已成为生物制品提纯分离的主要方法之一。但离子交换法也有生产周期长,pH 变化范围大,甚至影响成品质量等缺点。此外,离子交换树脂

法还广泛用于脱色、硬水软化及制备无盐水等。

离子交换树脂是一种具有网状立体结构,且不溶于酸、碱和有机溶剂的固体高分子化合物。离子交换树脂的单元结构由两部分组成。一部分是不可移动且具有立体结构的网络骨架,另一部分是可移动的活性离子。活性离子可在网络骨架和溶液间自由迁移,当树脂处在溶液中时,其上的活性离子可与溶液中的同性离子产生交换过程。这种交换是等当量进行的。如果树脂释放的是活性阳离子,它就能和溶液中的阳离子发生交换,称阳离子交换树脂。如果释放的是活性阴离子,它就能交换溶液中的阴离子,称阴离子交换树脂。

离子交换树脂通常有 4 种分类方法:一是按树脂骨架的主要成分,将树脂分为聚苯乙烯型树脂、聚丙烯酸型树脂、酚–醛型树脂等；二是按聚合的化学反应,分为共聚型树脂和缩聚型树脂;三是按树脂骨架的物理结构,分为凝胶型树脂(亦称微孔树脂)、大网络树脂(亦称大孔树脂)及均孔树脂。由于活性基团的电离程度决定了树脂酸性或碱性的强弱,所以又将树脂分为强酸性、弱酸性阳离子交换树脂,强碱性、弱碱性阴离子交换树脂。活性基团决定着树脂的主要交换性能。

谷氨酸是两性电解质,是一种酸性氨基酸,等电点为 pH 3.22,当 pH>3.22 时,羧基离解而带负电荷,能被阴离子交换树脂交换吸附;当 pH<3.22 时,氨基离解带正电荷,能被阳离子交换树脂交换吸附。也就是说,谷氨酸可被阴离子交换树脂吸附,也可以被阳离子交换树脂吸附。由于谷氨酸是酸性氨基酸,被阴离子交换树脂的吸附能力强而被阳离子交换树脂的吸附能力弱,因此可选用弱碱性阴离子交换树脂或强酸性阳离子交换树脂来吸附氨基酸。但是由于弱碱性阴离子交换树脂的机械强度和稳定性都比强酸性阳离子交换树脂差,价格又较贵,因此就选强酸性阳离子交换树脂,而不选用弱碱性阴离子交换树脂。目前各味精厂均采用 732# 强酸性阳离子交换树脂,本实验就是采用 732#树脂。

谷氨酸溶液中既含有谷氨酸也含有其他如蛋白质、残糖、色素等妨碍谷氨酸结晶的杂质存在,通过控制合适的交换条件,在根据树脂对谷氨酸以及对杂质吸附能力的差异,选择合适的洗脱剂和控制合适的洗脱条件,使谷氨酸和其他杂质分离,以达到浓缩提纯谷氨酸的目的。

## 三、实验试剂、材料和仪器

1. 离子交换装置

本实验采用动态法固定床的单床式离子交换装置。离子交换柱是有机玻璃柱,柱底用玻璃珠及玻璃碎片装填,以防树脂漏出。

2. 树脂

本实验用苯乙烯型强酸性阳离子交换树脂,编号为 732#。

3. 试剂

(1)上柱交换液:谷氨酸发酵液或等电点母液,含谷氨酸 2% 左右。

配制方法:取工厂购回的谷氨酸干粉 45 g 溶于 300 mL 自来水中,再加进约 25 mL 浓盐酸使谷氨酸粉全部溶解,此时 pH 值约为 1.5,最后稀释至 2.25 L。

(2)洗脱用碱:4% NaOH 溶液。其配制方法有两种:第一种,10 g NaOH 溶于 250 mL

自来水中;第二种,工业用碱配成 4%(约 6 °Be,相对密度 1.04)。

(3)再生用酸:6% 盐酸溶液。把大约 80 mL 浓盐酸(36% 含量)用自来水稀释至 500 mL,配成约 4 °Be,相对密度 1.028 的溶液。

(4)0.5% 茚三酮溶液:0.5 g 茚三酮溶于 100 mL 丙酮溶液中。

## 四、实验内容

### 1. 树脂的处理

对市售干树脂,先经水充分溶胀后,经浮选得到颗粒大小合适的树脂,然后加 3 倍量的 2 mol/L HCl 溶液,在水浴中不断搅拌加热到 80 ℃,30 min 后自水溶液中取出,倾去酸液,用蒸馏水洗至中性,然后用 2 mol/L NaOH 溶液,同上洗树脂 30 min 后,用蒸馏水洗至中性,这样用酸碱反复轮洗,直到溶液无黄色为止。用 6% 盐酸溶液转树脂为氢型,蒸馏水洗至中性备用。过剩的树脂浸入 1 mol/L NaOH 溶液中保存,以防细菌生长。

### 2. 检查离子交换柱工作状况

检查阀门、管道是否安装妥当,若有渗漏,及时报告。

### 3. 计算上柱量

先测量浸水后湿树脂的体积及上柱液总氮含量,再按下式计算上柱量。

$$上柱量(mL) = \frac{湿树脂体积(mL) \times 湿树脂实际交换当量(mmol/mL\ 湿树脂)}{总氮含量(mmol/mL)}$$

根据实践,湿树脂实际交换当量为 1.2 ~ 1.3 mmoL/mL 湿树脂。

### 4. 上柱交换

本实验用顺上柱方式。先把树脂上的水从底阀排走,排至清水高出树脂面 5 cm 左右,同时调节柱底流出液速度,控制其流速为 30 mL/min 左右。然后把上柱液放入高位槽中,开启阀门,进行交换吸附。注意柱的上、下流速平衡,既不"干柱",也要避免上柱液溢出离交柱。前期流速为 30 mL/min 左右,后期流速为 25 mL/min 左右。

每流出 100 mL 流出液,用 pH 试纸及波美比重计测量其 pH 值及浓度,记录下来。间断用茚三酮溶液检查是否有谷氨酸漏出。如有漏出,应减慢流速。

上柱液交换完毕,加入 1/3 树脂体积的清水将未交换的上柱液全部加入树脂中交换。

### 5. 水洗杂质及疏松树脂

开启柱底清水阀门,使水从下面进入反冲洗净树脂中的杂质,注意不要让树脂冲走。反冲至树脂顶部溢流液清净为止,再把液位降至离树脂面 5 cm 左右,反冲后树脂也被疏松了。

### 6. 热水预热树脂

加入树脂体积 1 倍左右的 60 ~ 70 ℃ 热水到柱上预热树脂,柱下流速控制为 30 ~ 35 mL/min。

### 7. 热碱洗脱

把水位降至离树脂面 5 cm 左右,接着加入 60 ~ 65 ℃ 的 4% NaOH 溶液到柱上进行洗脱,用碱量按下式计算:

$$4\% \text{ NaOH 用量(mL)} = \frac{上柱量(mL) \times GA\%/147 \times 3 \times 40}{4\% \times 1.04}$$

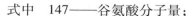

式中　147——谷氨酸分子量;

　　　3——被吸附谷氨酸当量数的倍数;

　　　40——NaOH 分子量;

　　　1.04——4% NaOH 的相对密度。

每收集 50 mL 流出液检查并记录其 pH 值及浓度。柱下流速前期为 25 mL/min,后期为 35 mL/min。到流出液 pH 2.5(浓度约为 0.5 °Be)时,开始收集高流分,此时应加快流速以免"结柱"。如出现"结柱",应用热布把阀门加热使结晶溶化。一直收集到 pH 9 为止。流完热碱,用 60 ℃热水把碱液压入树脂内,开启柱底阀门,用自来水反冲树脂,直至溢出液清亮,pH 值为中性为止。

8. 收集

把高流分集中在一起,用浓盐酸把全部谷氨酸结晶溶解,测量其总体积及总氮摩尔含量。

9. 等电点提取谷氨酸

把收集液 pH 调至 3.2 左右,稍搅拌使谷氨酸结晶析出,静置冷却过滤。

10. 树脂再生

洗净树脂后,降低液面至树脂面以上 5 cm 左右,然后通入 6% 盐酸,对树脂进行再生。用酸量按下式计算:

$$用酸量(mL) = \frac{树脂体积(mL) \times 1.8 \times 1.2 \times 36.5}{6\% \times 1.027}$$

式中　1.8——树脂全交换当量,mmol/mL$_{湿树脂}$;

　　　1.2——树脂全交换当量的倍数;

　　　6%——盐酸含量;

　　　36.5——盐酸分子量;

　　　1.027——6% 盐酸相对密度。

再生树脂流速控制在 25 ~ 30 mL/min。再生完毕,离子交换柱则处在可交换状态(树脂为 H 型)。

## 五、实验结果

根据以下公式计算提取率:

$$提取率(\%) = \frac{收集高流分液量(mL) \times 高流分液的总氮摩尔含量}{上柱液体积(mL) \times 上柱液的总氮摩尔含量} \times 100\%$$

## 六、思考题

(1)通过所学的离子交换知识,结合本实验,试分析影响离子交换谷氨酸提取率的主要因素。

(2)对谷氨酸在 732# 树脂的吸附以及解吸曲线图进行解释说明。

(3)对本实验存在的问题提出你的意见。

# 第四章　功能性发酵产品的生产

## 实验一　酸奶的制作与乳酸菌的活菌计数

### 一、实验目的

1. 了解乳酸菌的生长特性和乳酸发酵的基本原理。
2. 学习酸乳的制作方法。
3. 通过学习酸乳发酵的原理了解发酵的本质,培育学生实事求是、求真务实、开拓创新的科学精神。

### 二、实验原理

乳酸菌在乳中生长繁殖,发酵分解乳糖产生乳酸等有机酸,导致乳的 pH 值下降,使乳酪蛋白在其等电点附近发生凝集。

乳酸菌属于兼性厌氧微生物,其在无氧条件下生长繁殖较好,实验室条件下利用混菌培养的方法,尽可能让乳酸菌在无氧条件下生长,每个单菌落代表一个微生物细胞。

### 三、实验试剂、材料和设备

1. 菌种
市售酸奶。
2. 试剂
白糖、奶粉、培养基各成分。
3. 器材
培养箱、电炉、铝锅(5 L)、培养皿、酸奶发酵瓶。

### 四、实验内容

**(一)酸奶制作**

(1)10% 脱脂奶粉溶解于热水(80 ℃左右)中,充分搅拌均匀,配成调制乳。

(2)添加蔗糖:为了缓和酸奶的酸味,改善酸奶的口味,在调制乳中加入 4% ~8% 的蔗糖。

(3)灭菌:将乳加热至 90 ℃,保温 5 min。

(4)接种:往冷却到 43 ~45 ℃灭过菌的乳中加入乳酸菌,接种量为 2% ~5% 。

(5)分装:酸奶受到振动,乳凝状态易被破坏,因此,不能在发酵罐容器中先发酵然后

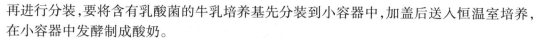

再进行分装,要将含有乳酸菌的牛乳培养基先分装到小容器中,加盖后送入恒温室培养,在小容器中发酵制成酸奶。

(6)发酵:发酵的温度保持在 40~43 ℃,一般发酵时间为 3~6 h。

发酵终点的确定有两种方法:检测发酵奶的酸度,达到 65~70 T°;倾斜观察,瓶内酸奶流动性差,而且瓶中部有细微颗粒出现。

(7)冷却:发酵结束,将酸奶从发酵室取出,用冷风迅速将其冷印到 10 ℃ 以下,一般 2 h,使酸奶中的乳酸菌停止生长,防止酸奶酸度过高而影响口感。

(8)冷藏和后熟:经冷却处理的酸奶,贮藏在 2~5 ℃ 的冷藏室中保存。

(9)感官指标

1)色泽:色泽均匀一致,呈乳白色或稍带微黄色。

2)组织状态:凝块稠密结实,均匀细腻,无气泡,允许少量乳清析出。

3)气味、味道:具有清香纯净的乳酸味,无酒精发酵味,无霉味和其他外来不良气味。

**(二)乳酸菌活菌检测**

(1)检测培养基:蛋白胨 15 g,牛肉膏 5 g,葡萄糖 20 g,氯化钠 5 g,碳酸钙 10 g,琼脂粉 10 g,水 1 000 mL,115~121 ℃ 灭菌 20 min,灭菌后放置水浴 52 ℃ 保温备用。

(2)稀释:取 10 g 样品放入添加 90 mL 无菌水的带玻璃珠的 250 mL 三角瓶中,摇床 180 r/min 振荡 30 min,即为 $10^{-1}$ 样品溶液;再从中取 1 mL 至添加 9.0 mL 无菌生理盐水的三角瓶中,稀释至 $10^{-2}$,……,以此类推,稀释至 $10^{-8}$,即稀释了 1 亿倍。

(3)倒制培养平板,从上述已稀释了 1 亿倍的乳酸菌悬液中取 1 mL,在无菌操作台上注入 9.0 cm 培养皿中,再将已经灭了菌的保持在 52 ℃ 水浴锅中的呈溶解状态的培养基,倒入 15 mL 左右于培养皿中,全部浸到培养皿,与菌悬液充分混合均匀(倒入培养基后,马上用手转动培养皿,转动几下,让其混合均匀),然后等其凝固再移入培养箱中培养,注意最后一步倒平皿必须在超净台无菌操作,以免杂菌污染。每次稀释均要换灭好菌的移液管。

(4)培养条件:37 ℃ 恒温培养箱培养 48~72 h。

(5)培养完毕后,取出进行计数,因为是稀释了 1 亿倍,所以一个透明圈菌落代表 1 亿/克,如果有 200 个透明圈,则是 200 亿/克。

**五、实验结果**

(1)感官评定。

(2)测定酸奶 pH。

(3)记录个人酸奶中各平行数据,计算最终平均值。

**六、思考题**

乳酸菌的保藏通常为低温条件,这给运输带来很大的成本,请问可采用什么方法使乳酸菌在常温条件下有很高的存活率,以减少运输成本?

# 实验二　甜酒酿的制作

## 一、实验目的

1.通过甜酒酿的制作工艺进一步了解酿酒的原理,同时使学生具备基本食品发酵工艺过程在实际生产生活中的应用能力。

2.掌握甜酒酿的制作技术,并要求学生在生活中制备甜酒并品评。

3.通过学习甜酒的酿造过程,独立完成整个实验,加强学生独立思考、自由进取、创新探索的科学理念,进一步提高学生的爱国情怀。

## 二、实验原理

将蒸熟的米饭经接种根霉曲后,在适宜的培养条件下,让种曲中的根霉孢子萌发菌丝体,繁殖后产生大量的淀粉酶和糖化酶等复合酶系,通过该酶系的催化作用,将淀粉转化为单糖,从而使甜酒酿具有独特的甜醇口味。从微生物的观点来看,酿制的过程:要有优质的酒酿种曲,即种曲中应含有糖化率很高的优质根霉孢子或菌丝体;应选择优质的糯米做原料;严格无菌操作规程,尽量避免杂菌污染;制作甜酒酿的器具都要清洗干净,不能含有油脂类物质;合理控制酿制条件等。

酒药又称酒母或者曲,含有大量微生物,包括细菌和真菌,用于发酵多种食物,不同用途的曲其原料、制作方法和微生物成分都有区别。醪糟的酒曲以籼米为原料,多制成块状,呈白色。主要有效成分是两类真菌——根霉和酵母。糯米的主要成分是淀粉(多糖的一种),尤其以支链淀粉为主。将酒曲撒上后,首先根霉和酵母开始繁殖,并分泌淀粉酶,将淀粉水解成为葡萄糖。醪糟的甜味即由此得来。醪糟表面的白醭就是根霉的菌丝。随后,葡萄糖在无氧条件下在真菌细胞内发生糖酵解代谢,将葡萄糖分解成为酒精和二氧化碳:

$$C_6H_{12}O_6 \longrightarrow 2C_6H_{12}O_6 + 2CO_2$$

然而在有氧条件下,葡萄糖也可被完全氧化成二氧化碳和水,提供较多能量:

$$C_6H_{12}O_6 + 6O_2 \longrightarrow 6CO_2 + 6H_2O$$

已经生成的酒精也可被氧化成为醋酸:

$$2C_2H_5OH + O_2 \longrightarrow CH_3COOH + H_2O$$

## 三、实验试剂、材料和设备

固体曲培养基:米粉40 g,麸皮10 g,加入水20 mL,拌料均匀,包扎,灭菌60 min。

## 四、实验内容

### (一)甜白酒曲的生产

1.接种

液体接种,接种量5%(2.5 mL),无菌操作条件下进行接种,摇匀后,在瓶壁上写上姓名、接种日期。

2. 培养

接种后的三角瓶倾斜平放,在 28 ℃ 条件下的培养箱中培养 16 h,对生长出现菌丝的培养物扣瓶,继续培养约 10 h 后,全部取出,放在烘盘中烘干,粉碎制成甜白酒曲。

**(二)糯米甜白酒的酿制**

1. 选择原料和称量(2 人一组)

酿制甜酒酿的原料常用糯米,选择时要用品质好、米质新鲜的糯米。每小组用一次性杯子称量 70 g 糯米,倒于烧杯中。

2. 淘洗和浸泡

将米淘洗干净后浸泡过夜,自来水没过 5 ~ 10 cm,使米粒充分吸水,以利蒸煮时米粒分散和熟透均匀。

3. 蒸煮米饭

领取纱布,将浸泡吸足水分的糯米捞起,用纱布沥干,放在蒸锅内搁架上隔水蒸煮,圆气后,蒸 30 min,至米饭完全熟透时为止。(切记:每一个蒸锅统一放入统一计时)。

4. 米饭降温

将蒸熟的米饭从锅内取出,在室温下摊开冷却至 30 ℃ 左右接种。

5. 接入种曲

按干糯米重量换算接种量,称量酒曲。

将凉好的米饭置于干净的一次性杯子内,再将酒曲粉末(3/4)拌入米饭中,搅拌均匀。

6. 搭窝

将塑料碗中拌好酒曲的米饭稍稍压紧,并使表面平整光滑,再将其搭成 U 字形窝,以利散热和出酒,表面撒上少许酒曲(1/4),最后用保鲜膜将杯口封好(注意不要漏气)。

7. 保温发酵

温度可控制在 30 ℃ 左右,发酵初期可见米饭表面产生大量纵横交错的菌丝体,同时糯米饭的黏度逐渐下降,糖化液渐渐溢出和增多。若发酵中米饭出现干燥,可在培养 18 ~ 24 h 补加一些凉开水。

8. 后熟发酵

酿制 48 h 后的甜酒酿已初步成熟,但往往略带酸味。如在 8 ~ 10 ℃ 条件下将它放置 2 ~ 3 d 或更长一段时间进行后发酵,则可去除酸味。

9. 质量评估

酿成的甜酒应是酒香浓郁、醪液充沛、清澈半透明和甜醇爽口的。

## 五、实验结果

对制备的米酒进行感官评定并拍照保存。

## 六、注意事项

(1)糯米甜白酒的酿制时,米饭一定要熟透,不能太硬或夹生。

(2)米饭一定要凉透到 35 ℃ 以下才能拌酒药,否则会影响正常发酵。

(3)甜酒酿制作过程中切忌沾油,沾污水,因此所有器具必须事先彻底清洗消毒。

(4)拌曲之前应先将曲块捣碎,便于接种时与米饭搅拌均匀。

(5)封口时务必不要漏气。

## 七、思考题

(1)甜酒曲中主要有哪些微生物菌群? 在整个发酵过程中分别起到什么作用?

(2)制作甜酒酿的关键操作是什么?

# 实验三　低盐豆瓣酱的制作

## 一、实验目的

1. 了解低盐豆瓣酱的制作原理。

2. 掌握低盐豆瓣酱的制作技术。

## 二、实验原理

豆瓣酱是以蚕豆或黄豆为主要原料,经制曲、发酵而酿造出来的调味酱。豆瓣酱的发酵过程是利用微生物的代谢作用,将原料分解,产生酸、醇、酯等风味物质,进而形成豆瓣酱的独特风味,能助消化,开口味,是一种深受消费者欢迎的方便食品。

## 三、实验试剂、材料和设备

### (一)材料

黄豆、面粉、曲精(米曲霉)、食盐、辣椒酱、香料(花椒、胡椒、八角、干姜、小茴、桂皮等)、米酒、植物油。

### (二)仪器

发酵罐、蒸锅、筐、灭菌锅。

## 四、实验内容

1. 工艺流程

黄豆→去杂清洗→浸泡→蒸煮淋干→拌入面粉混合→接种制曲→加盐发酵→加入辣椒酱→灭菌→包装→成品

2. 原料的预处理

(1)去杂:选择颗粒饱满、均匀、新鲜、无霉烂、无虫蛀、蛋白质含量高的大豆。

(2)清洗:将大豆洗净,去除泥土杂物及上浮物。

(3)浸泡:将大豆放入容器中,加水浸泡,以豆内无白心,用手捏容易成两瓣为适度。

(4)蒸煮:目前常用常压和分压两种蒸煮方法,蒸熟的程度与大豆全部均匀熟透,既软又不烂,保持整粒又无夹心为最佳状态。

3. 制曲

按干豆瓣重称取40%的标准面粉和0.3% ~0.5%的沪酿3.042中曲孢子,与冷却的

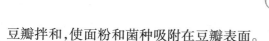

豆瓣拌和,使面粉和菌种吸附在豆瓣表面。

4.发酵

按每 100 kg 豆瓣曲,加水 100 L,食盐 25 kg 的比例配制发酵盐水,先将盐水烧开,再放入装有少量花椒、胡椒、八角、干姜、小茴香、桂皮、陈皮等香料的小白布袋煮沸 3 ~ 5 min 后取出布袋,将煮沸的溶液倒入配制溶解食盐水的缸中,把成曲倒入发酵缸中,曲料入缸后很快会升温为 40 ℃ 左右,此时要注意每隔 2 h 左右将面层与缸底层的豆瓣酱搅翻均匀,待自然晒露发酵 1 d 后,每周翻倒酱 2 ~ 3 次。

5.调风味——辣豆瓣酱

(1)混合:辣豆瓣酱是以 1∶1 的比例在发酵成熟的原汁豆瓣酱中加入熟辣椒酱,在加入 2% 的米酒充分搅拌均匀。

(2)灭菌:装入已经蒸汽灭菌冷却的消毒瓶内,装至离瓶口 3 ~ 5 cm 高度为止,随即注入精制植物油于瓶内 2 ~ 3 cm。

(3)包装:然后排气加盖旋紧,检验,贴商标。

## 五、实验结果

1.感官指标

(1)色泽:酱体赤红色或红褐色,鲜艳,有光泽,表面允许有部分油脂析出。

(2)香气:有浓郁的酱香味和芬芳的酯香味。

(3)滋味:味鲜醇厚。

(4)状态:黏稠适度,无杂质,料质均匀,黏稠适中,乳化效果好。

2.理化指标

(1)固形物含量:红曲香菇豆瓣酱 ≥30%;食盐 7% ~ 12.5%;砷(mg/kg)≤0.5;铅(mg/kg)≤1.0。

(2)微生物指标:大肠菌群(MPN/dL)≤30;致病菌(系指肠道致病菌)不得检出。

(3)卫生指标:符合 GB 2718—81《酱卫生标准》。

## 六、思考题

(1)影响豆瓣酱质量的因素有哪些?

(2)如何防止豆瓣酱在制曲发酵过程中发生腐烂变质?

# 实验四　腐乳的制作

## 一、实验目的

1.以制作腐乳为例,了解传统发酵技术的应用,说明腐乳制作过程的科学原理。

2.说出腐乳制作的流程,知道影响发酵的因素。

3.根据实验流程示意图和提供的资料,设计实验步骤,尝试腐乳制作的过程。

4.理解实验变量的控制,分析影响腐乳品质的条件。

## 二、实验原理

腐乳是中华民族独特的传统调味品,具有悠久的历史。它是我国古代劳动人民创造出的一种微生物发酵大豆制品,品质细腻、营养丰富、鲜香可口,深受广大群众喜爱,其营养价值可与奶酪相比,具有东方奶酪之称。

毛霉是一种丝状真菌,具有发达的白色菌丝。它的菌丝可分为直立菌丝和匍匐菌丝。繁殖方式为孢子生殖,新陈代谢类型为异养需氧型,应用于腐乳等发酵工艺。

毛霉在腐乳制作中的作用:在豆腐的发酵过程中,毛霉等微生物产生的蛋白酶能将豆腐的蛋白质分解成小分子的肽和氨基酸,脂肪酶可将脂肪水解为甘油和脂肪酸。

传统腐乳的生产中,豆腐块上生长的毛霉来自空气中的毛霉孢子,而现代的腐乳生产是在无菌条件下,将优良毛霉菌种直接接种在豆腐上,这样可以避免其他菌种的污染,保证产品质量。

优良菌种的选择:不产生毒素;生长繁殖快,且抗杂菌力强;生长的温度范围大,不受季节的限制;有蛋白酶、脂肪酶、肽酶等酶系;使产品气味正常良好。

豆腐乳是我国独特的传统发酵食品,是用豆腐发酵制成,多种微生物参与发酵,其中起主要作用的是毛霉。毛霉是一种丝状真菌,具发达的白色菌丝。毛霉等微生物产生的以蛋白酶为主各种酶能将豆腐中的蛋白质分解成小分子的肽和氨基酸;脂肪酶可将脂肪水解为甘油和脂肪酸,与醇类作用生成酯,形成细腻、鲜香等豆腐乳特色。发酵的温度为 $15 \sim 18 \ ℃$。

## 三、实验试剂、材料和设备

### 1. 材料

粽叶,北方豆腐,调料。

### 2. 设备

瓦罐或有盖玻璃瓶、保温容器、小刀、摇床、250 mL 三角瓶、超净台及接种设备、灭菌锅。

## 四、实验内容

### 1. 腐乳制作的流程

让豆腐上长出毛霉→加盐腌制→加卤汤装瓶→密封腌制

将豆腐切成 3 cm×3 cm×1 cm 的若干块。所用豆腐的含水量为 70% 左右,水分过多则腐乳不易成形。

豆腐中水分测定方法:精确称取经研钵研磨成糊状的样品 5 ~ 10 g（精确到 0.02 mg,设为 $B_g$）,置于已知重量（$A_g$）的蒸发皿中,均匀摊平后,在 100 ~ 105 ℃ 电热干燥箱内干燥 4 h,取出后置于干燥器内冷却至室温后称重（为 $C_g$）,然后再烘 30 min,直至所称重量不变为止（设最终所有重量为 $D_g$）。

样品水分含量（%）计算公式如下:

（烘干前容器和样品质量-烘干后容器和样品质量）/烘干前样品质量

将豆腐块平放在铺有干粽叶的盘内,粽叶可以提供菌种,并能起到保温的作用。每块豆腐等距离排放,周围留有一定的空隙。豆腐上面再铺上干净的粽叶。气候干燥时,将平盘用保鲜膜包裹,但不要封严,以免湿度太高,不利于毛霉的生长。

将平盘放入温度保持在 15~18 ℃ 的地方。毛霉逐渐生长,大约 5 天后豆腐表面丛生着直立菌丝(即长白毛)。

当毛霉生长旺盛,并呈淡黄色时,去除包裹平盘的保鲜膜以及铺在上面的粽叶,使豆腐块的热量和水分能够迅速散失,同时散去霉味。这一过程一般持续 36 h 以上。

当豆腐凉透后,将豆腐间连接在一起的菌丝拉断,并整齐排列在容器内,准备腌制。

长满毛霉的豆腐块(以下称毛坯)与盐的质量比为 5∶1。(盐能否过多或过少,为什么?)

将培养毛坯时靠近平盘没长直立菌丝的一面统一朝向玻璃瓶边,将毛坯分层盘立摆放在容器中。分层加盐,并随层加高而增加盐量,在瓶口表面铺盐厚些,约腌制 8 天。(为什么要随层数的增加而增加盐的用量,且瓶口用的盐最多?)

实验过程:将黄酒、米酒和糖,按口味不同而配以各种香辛料(如胡椒、花椒、八角茴香、桂皮、姜、辣椒等)混合制成卤汤。卤汤酒精含量控制在 12% 左右为宜。酒精含量的高低与腐乳后期发酵时间的长短有很大关系。酒精含量越高,对蛋白酶的抑制作用也越大,使腐乳成熟期延长;酒精含量过低,蛋白酶的活性高,加快蛋白质的水解,杂菌繁殖快,豆腐易腐败,难以成块。(卤汤中有哪些成分可以抑制杂菌的生长?)

将广口玻璃瓶刷干净后,用高压锅在 100 ℃ 蒸汽灭菌 30 min。将腐乳咸坯摆入瓶中,加入卤汤和辅料后,将瓶口用酒精灯加热灭菌,用胶条密封。在常温情况下,一般 6 个月可以成熟。(你认为在整个操作过程中,有哪些操作可以抑制杂菌的污染?)

2. 腐乳的主要生产工序

酿造腐乳的主要生产工序是将豆腐进行前期发酵和后期发酵。

前期发酵所发生的主要变化是毛霉在豆腐(白坯)上的生长。

发酵的温度为 15~18 ℃,此温度不适于细菌、酵母菌和曲霉的生长,而适于毛霉慢慢生长。毛霉生长大约 5 天后使白坯变成毛坯。

前期发酵的作用:使豆腐表面有一层菌膜包住,形成腐乳的"体";毛霉分泌以蛋白酶为主的各种酶,有利于豆腐所含有的蛋白质水解为多肽和各种氨基酸,脂肪酶可以将脂肪分解成甘油和脂肪酸。

后期发酵主要是酶与微生物协同参与生化反应的过程。

通过腌制并配入各种辅料(红曲、面曲、酒酿),使蛋白酶作用缓慢,促进其他生化反应,生成腐乳的香气。

## 五、实验结果

1. 感官指标

色泽基本一致,味道鲜美,咸淡适口,无异味,块形整齐,厚薄均匀,质地细腻,无杂质。

2. 理化指标

固形物含量:红曲香菇豆瓣酱 ≥30%;食盐 7%~12.5%;砷(mg/kg)≤0.5;铅(mg/kg)≤1.0。

微生物指标:大肠菌群(MPN/dL)≤30;致病菌(系指肠道致病菌)不得检出。

3.卫生指标

符合 GB 2718—81《酱卫生标准》。

## 六、思考题

(1)豆腐长白毛是什么原因?

(2)你认为毛霉的细胞结构有什么特点?

(3)毛霉的繁殖方式是什么?

(4)毛霉中起作用的酶有哪些?

(5)制作腐乳的原料是什么?腐乳是如何制作的?

(6)为什么腐乳的味道比较鲜美?

(7)你认为腌制作用有哪些?腌制的时间可以变化吗?为什么?你能设计实验来探究腌制时间对腐乳质量的影响吗?

# 实验五　中西式泡菜的制作

## 一、实验目的

1.掌握泡菜制作的基本原理。

2.学会中西式泡菜的制作方法。

## 二、实验原理

泡菜是民间最为广泛和大众化的蔬菜加工方法,将洗净的蔬菜浸渍在盐水中,经乳酸菌、醋酸菌、酵母菌等微生物自然发酵而成。西式泡菜的制作方法和我国的泡菜基本相同,区别在于西式泡菜中的蔬菜需经沸水烫过,再入坛加料泡制。

## 三、实验试剂、材料和设备

各种新鲜蔬菜和辅料(食盐、白糖、辣椒粉、白胡椒粉、丁香、桂皮和白醋等)、冷开水等;发酵坛(1 个/组)、刀、砧板等。

## 四、实验内容

### (一)制作工艺

中式:原辅料配方→原料整理和清洗→泡坛发酵→成品。

西式:原辅料配方→原料整理和清洗→热水烫煮→加料煮汤汁→泡坛发酵→成品。

### (二)详细操作

1.原料整理

蔬菜剥除老叶、黄叶,洗净后撕成片状,黄瓜、萝卜等切块状,芹菜折成段,番茄切成片。

2.西式泡菜制作(1组)

(1)热水烫煮:在锅中倒入清水煮沸后,将洗净的蔬菜依次在沸水中浸烫翻煮两次,取出后迅速用凉开水冲洗并沥干水分。

(2)加料煮汤汁:在锅内倒入适量清水,煮沸后加入食盐、白糖、辣椒粉、桂皮、丁香、白胡椒粉和白醋等,用文火煮30 min。断火后冷却,用多层纱布过滤除去汤汁中的辅料残渣,然后倒入泡菜坛内备用。

(3)浸泡发酵:将沥净水分的各种蔬菜原料混合放入坛内汤汁中,使汤汁浸没蔬菜表面,盖上坛盖,泡一天左右即可食用。

3.中式泡菜制作(2组)

(1)配制辅料:在适量的冷开水中加入适量的食盐、白糖、辣椒粉、花椒、红干辣椒、白胡椒粉、白醋、白酒、嫩姜和蒜等。

(2)浸泡发酵:将沥净水分的各种蔬菜原料混合放入坛内汤汁中,使汤汁浸没蔬菜表面,在表面滴几滴白酒后盖上坛盖,泡一周左右即可食用(下周取,自带餐具)。

4.质量要求

泡菜要色泽鲜艳,香气浓郁,无异味,质地清脆,咸酸适度,入口清爽。

5.注意事项

(1)操作中严防油污原料和用具,开坛取食时,须使用洁净的筷子。

(2)发酵坛放置清洁阴凉处,并随泡随吃;泡菜吃完后,只需在原汤中添加适量的盐、白糖、白醋即可添加另一批新菜。

## 五、实验结果

1.感官指标

从感官上进行评价。

2.理化指标

固形物含量:红曲香菇豆瓣酱≥30%;食盐7% ~ 12.5%;砷(mg/kg)≤0.5;铅(mg/kg)≤1.0。

微生物指标:大肠菌群(MPN/dL)≤30;致病菌(系指肠道致病菌)不得检出。

3.卫生指标

符合GB 2718—81《酱卫生标准》。

## 六、思考题

(1)腌制好的泡菜为什么会有一种特别的香味?

(2)腌制泡菜时是如何抑制杂菌生长的?

# 实验六  固态发酵实验——米曲霉的培养

## 一、实验目的

通过三角瓶固态培养米曲霉,使学生掌握固态培养微生物的原理和技术,学会对微生物工艺条件进行初步的实验设计。

## 二、实验原理

固态培养微生物是我国传统发酵工业的特色之一,具有悠久的历史,在白酒、黄酒、酱油、酱类等领域中广泛应用。固态培养微生物主要用于霉菌的培养,细菌和酵母菌也可采用此法。其主要优点是节能,无废水污染,单位体积的生产效率较高。实验室固态培养主要采用三角瓶培养。固态培养方法主要有散曲法和块曲法,酱油米曲霉培养属于散曲法。本实验采用的米曲霉属曲霉菌,菌落初为白色,黄色,继而变为黄褐色或淡绿褐色,反面无色。

## 三、实验试剂、材料和设备

1. 菌种

实验室保存的米曲酶菌种。

2. 原料和试剂

马铃薯、葡萄糖、琼脂、豆饼粉、麸皮、面粉。

3. 仪器

试管、纱布、牛皮纸、250 mL 三角瓶、高压灭菌锅、恒温培养箱、超净工作台、恒温摇床。

## 四、实验内容

米曲霉的培养:本实验分为斜面种子培养及三角瓶培养两个阶段。三角瓶培养物在工厂常作为一级种子。

**(一)米曲霉试管斜面菌种的制作**

(1)PDA 培养基:先将马铃薯洗涤、去皮、切碎,称取 200 g 马铃薯和 500 mL 蒸馏水混合后煮开,然后缓缓煮 1 h,单层纱布过滤后滤液与其他成分(葡萄糖 20 g,琼脂 15 ~ 20 g)混合并加水至 1 000 mL,自然 pH。制好培养基,灌装入试管中,塞好棉塞,包扎好牛皮纸,在 121 ℃高压蒸汽灭菌 15 min。摆成斜面,经培养检查灭菌彻底,即可接种培养。

(2)用无菌操作法将砂管菌种中的含孢子砂土铲取少量放入经灭菌的装有 2 ~ 3 mL 的无菌水试管中,摇匀制成菌种悬液,再将菌种悬液用接种环涂抹在斜面培养基上。

(3)将接种后的斜面放置在恒温箱内培养,30 ℃培养 3 天,查无杂菌,黄绿色孢子旺盛则可作为菌种,再转接几次,使菌种充分活化,菌种量在试管培养的过程中有所扩大。

**(二)孢子悬液制备**

用无菌水洗下出发菌株的斜面孢子,置摇床上 150 r/min 振荡分散 30 min,经四层无菌纸过滤,制成孢子浓度约为 $10^6$ 个/mL 的单孢子悬浮液。

**(三)三角瓶菌种培养**

(1)按豆饼粉 20 g,麸皮 60 g,面粉 20 g,水 65 ~ 70 mL 的配方混合均匀,分装入 250 mL 的三角瓶中,每瓶 20 g,混匀,并用四层纱布盖在瓶口,上面再用牛皮纸包扎好。将包扎好的三角瓶放入灭菌锅中,121 ℃高压蒸汽灭菌 30 min,灭菌后趁热摇松备用。

（2）在超净台内，将 3～5 mL 米曲霉孢子悬浮液接入三角瓶中，并摇匀。

（3）接种的三角瓶置于恒温箱中 30 ℃ 培养 18～20 h 后，见白色菌丝生长，将欲结块，摇瓶一次，充分摇散。继续培养 6 h，菌丝大量生长又结成饼，再摇瓶一次，并将瓶横放培养，约经 3 天培养基颗粒表面布满黄绿色孢子，立即使用，或放入冰箱中，4 ℃ 下可保藏 10 天。

**（四）种曲质量检查**

（1）观察种曲的颜色，鲜黄绿色为最好，淡黄色为培养过嫩，黄褐色为过老。有白色、黑色等异色显示有其他霉菌污染。孢子产量少，意味曲菌生长繁殖不良，多则是温度控制不合理。

（2）种曲应有曲香，如有酸气或氨味表示细菌污染严重。

（3）取少量种曲放入 50 mL 无菌水中，25～30 ℃ 培养 2～3 天，产生恶臭，表示种曲严重不纯，不能采用。

## 五、实验结果

描述米曲霉种曲的颜色、种曲应有的曲香以及种曲的生长情况等。

## 六、思考题

根据状态分类，培养基有哪些？

# 实验七　枯草芽孢杆菌固态发酵及活菌数测定

## 一、实验目的

1. 学习了解固态发酵原理。
2. 以枯草芽孢杆菌为对象，了解固态发酵的控制技术。
3. 掌握枯草芽孢杆菌活菌计数方法与操作。

## 二、实验原理

作为抗生素的替代品，益生菌和酶制剂等的研究与开发近几年成为绿色饲料添加剂的热点，其中益生菌倍受关注。作为益生菌的一种，芽孢杆菌制剂在动物生产中的研究和应用一直都是畜牧业科研和生产人员关注的焦点。目前芽孢杆菌多采用液体深层发酵技术，再经喷雾干燥进行生产，对设备要求高，生产工艺复杂；而固体发酵采用的原料一般是廉价的农副产品（如草粉、麸皮等），采用的设备也较液体发酵简单，生产成本大大低于液体发酵。所以近年来各生产厂家都在积极探索芽孢杆菌的固体发酵技术，以求简化生产工艺，提高产量，降低生产成本。

固态发酵定义：指没有或几乎没有自由水存在下，在有一定湿度的水不溶性固态基质中，培养一种或多种微生物的生物反应过程，其是以气相为连续相的生物反应过程。

枯草芽孢杆菌属于好氧微生物，实验室条件下利用稀释涂布培养的方法，让菌在有氧条件下生长，每个单菌落代表一个微生物细胞。

### 三、实验试剂、材料和设备

1. 培养基配制

(1)液体种子培养基配制:葡萄糖 0.2%,NaCl 0.5%,酵母膏 0.5%,蛋白胨 1%,pH=7.0。

(2)液体种子培养:每 300 mL 三角瓶装量 50 mL 液体种子培养基,在 115 ℃条件下灭菌 30 min。降温后从斜面接一环菌苔至种子培养基。置 37 ℃控温摇床培养。转速 200 r/min,至芽孢率达 90% 以上时停止,约需 24 h。

(3)固体发酵培养基:麸皮 60%,稻壳 10%,玉米粉 5%,豆粕 25%,硫酸镁 0.05%,硫酸铵 0.5%,料水比为 1∶1.1。

(4)三角瓶固体发酵培养:每 250 mL 三角瓶装量 20~30 g(湿重),固体发酵培养基原料试剂混合料,加水,料水比为 1∶1.1,搅拌均匀,培养基经 121 ℃灭菌 30 min,降温后接种量为 2%($V/M:V$ 为液体菌种体积数,$M$ 为固体发酵培养基的质量),然后置于 37 ℃培养箱中静止培养,间时拍打,使其均匀生长。至脱落芽孢率为 80% 以上时,停止发酵,约需 48 h。然后于 60 ℃烘干、粉碎、计活菌数。

2. 菌种

枯草芽孢杆菌。

3. 试剂

培养基成分。

4. 器材

培养箱,灭菌锅,培养皿。

### 四、实验内容

(1)检测培养基:葡萄糖 0.2%,NaCl 0.5%,酵母膏 0.5%,蛋白胨 1%,琼脂粉 2%,pH=7.0。115 ℃灭菌 20 min,灭菌后放置水浴 52 ℃保温备用。

(2)稀释:取 10 g 样品放入添加 90 mL 无菌水的带玻璃珠的 250 mL 三角瓶中,摇床 180 r/min 振荡 30 min,即为 $10^{-1}$ 样品溶液;再从中取 1 mL 至添加 9.0 mL 无菌生理盐水的三角瓶中,稀释至 $10^{-2}$,……,以此类推稀释至 $10^{-8}$,即稀释了 1 亿倍。

(3)倒置培养平板,将已经灭了菌的保持在 52 ℃水浴锅中的呈溶解状态的培养基,倒入 15 mL 左右于培养皿中,全部浸到培养皿,待培养基凝固;从上述已稀释了 1 亿倍的菌悬液中取 0.2 mL 于已凝固的培养基表面,用玻璃刮铲涂布均匀,静止 10 min,然后再移入培养箱中培养。

(4)培养条件:37 ℃恒温培养箱培养 24~48 h。

培养完毕后,取出进行计数,因为是稀释了 5 亿倍,所以一个透明圈菌落代表 5 亿/克,如果有 200 个透明圈,则是 1 000 亿/克。

### 五、实验结果

详细描述枯草芽孢杆菌固态培养物(外观、气味、培养物状态等)。

记录个人活菌测定中各平行数据,计算最终平均值。

## 六、思考题

在枯草芽孢杆菌固态培养过程中,为了防止霉菌与酵母的污染,可采用什么方法?

# 实验八 淀粉糖化与酒精发酵

## 一、实验目的

1. 了解酒精发酵的主要类型、工艺原理及其控制条件。
2. 熟悉酒精生产的工艺流程,掌握酒精发酵的操作方法。
3. 掌握用酶法从淀粉原料到水解糖的制备原理及方法。
4. 掌握在实验室中模拟酒精发酵的工艺流程。

## 二、实验原理

玉米粉、大米粉中可供发酵的物质主要是淀粉,而酿酒酵母由于缺乏相应的酶,所以不能直接利用淀粉进行酒精发酵,因此必须对原料进行预处理,包括蒸煮(液化)、糖化等,蒸煮可使淀粉糊化,并破坏细胞,形成均一的醪液,能更好地接受糖化酶的作用,并转化为可发酵性糖,以便酵母进行酒精发酵。

在无氧条件下酵母菌利用可发酵性糖转化为酒精和二氧化碳的作用,称为酒精发酵,是生产酒精及各种酒类的基础,可通过测定发酵过程中产生 $CO_2$ 的量和最终产物酒精的量得知酵母的发酵能力。

## 三、实验试剂、材料和设备

1. 菌种
活性干酵母。
2. 试剂
培养基各成分、大米粉、活性干酵母、淀粉酶、糖化酶。
3. 溶液
10% $H_2SO_4$、1% $K_2Cr_2O_7$、10% NaOH。
4. 仪器
试管、培养箱、灭菌锅、三角瓶、水浴锅、粉碎机、离心机、可乐瓶(学生自备)。

## 四、实验内容

1. 原料的粉碎
将玉米、大米用粉碎机粉碎到一定程度,玉米淀粉含量为 70%,大米淀粉含量为 75%。
2. 蒸煮糊化
称取一定量的粉碎后淀粉质原料,按照一定的料水比(100 g∶200 mL),调制淀粉乳,90~100 ℃条件下恒温水浴加热,淀粉乳受热后,在一定温度范围内,淀粉粒开始破坏,晶体结构消失,体积膨大,黏度急剧上升,呈黏稠的糊状,即成为非结晶性的淀粉。

### 3.糖化

经蒸煮糊化后的醪液,经过淀粉酶的糖化作用,将原料中的淀粉转化为可发酵性糖,供酵母利用。

为加快糖化速度,可以提高酶用量,缩短糖化时间,但酶用量太高,反而使复合反应严重,最终导致葡萄糖值降低,在实际生产中,应充分利用糖化罐的容量,尽量延长糖化时间,减少糖化酶用量。

酶参考用量:淀粉乳33%,60 ℃,pH=4.5,酶240 U/g$_{绝干淀粉}$,糖化时间16 h。

糊化醪液调整pH=4.5,往其中加入一定量的淀粉酶(120 U/g)、糖化酶(120 U/g),60 ℃恒温下不断搅拌,直至黏度下降到一定程度,淀粉完全糖化(如何简易快速判断)。

### 4.发酵

(1)干酵母活化:将干酵母按1∶20的比例投放于37 ℃的温水中复水20 min。目的是恢复酵母细胞的正常功能。

(2)淀粉醪液糖化后,取400 mL上清液于洁净的大可乐瓶中,加相同体积的水稀释,加入活化好的酵母种液5 mL,混匀,28 ℃培养箱中静止培养36 h左右。

### 5.二氧化碳生成的检验

(1)观察三角瓶中的发酵液有无气泡溢出。

(2)滴入10%氢氧化钠1 mL于发酵液试管中,观察,如气体逐渐消失,则说明有二氧化碳的存在。

### 6.二氧化碳生产量的测定

(1)接种完,擦干瓶外壁,于天平上称量,记为$W_1$。

(2)实验结束,取出瓶轻轻摇动,使二氧化碳尽量溢出,在同一天平上称量,记为$W_2$。

$$二氧化碳生成量 = W_1 - W_2$$

### 7.酒精生成的检验

(1)打开瓶塞,嗅闻有无酒精气味。

(2)取发酵液5 mL,加10%硫酸2 mL。

(3)再加入1% $K_2Cr_2O_7$溶液10～20滴,如颜色由黄色变为黄绿色,则说明有酒精产生。

$$K_2Cr_2O_7 + H_2SO_4 + CH_3CH_2OH \longrightarrow CH_3COOH + K_2SO_4 + Cr_2(SO_4)_3$$

## 五、实验结果

(1)详细记录实验过程中各参数及数据。

(2)对实验结果的判断与分析。

## 六、思考题

现有3株不同来源的酒精酵母,请设计实验判断哪株酵母发酵酒精能力最强?

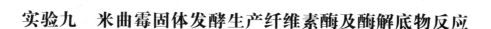

# 实验九 米曲霉固体发酵生产纤维素酶及酶解底物反应

## 一、实验目的

1. 了解米曲霉固体发酵产酶情况。
2. 掌握微生物固体发酵操作技术。
3. 了解纤维素酶提取方法及酶活性定性测定方法。

## 二、实验原理

纤维素酶是降解纤维素的一组酶的总称,是起协同作用的多组分酶系,属于诱导酶,其产生需要纤维素类物质的诱导。实验中以米曲霉为发酵菌株,稻草作为产酶诱导物。

## 三、实验试剂、材料和设备

1. 菌种
米曲霉。
2. 试剂
土豆、稻草、麸皮、硫酸铵、羧甲基纤维素钠(CMC)。
3. 仪器
培养箱、灭菌锅、三角瓶、摇床、离心机、天平、三角瓶。

## 四、实验内容

1. 米曲霉菌种活化
(1)配制 PDA 培养基:称取 200 g 马铃薯,洗净去皮切碎,加水 1 000 mL 煮沸半小时,纱布过滤,再加 20 g 葡萄糖和 20 g 琼脂,充分溶解后趁热纱布过滤,分装试管,每试管 5~10 mL(视试管大小而定),121 ℃蒸汽灭菌 20 min 左右后取出试管摆斜面,冷却后贮存备用。
(2)在无菌超净台上接种保藏的米曲霉于 PDA 斜面,28 ℃培养 5~7 天,斜面上长满孢子。
2. 配制发酵培养基
15 g 麸皮 + 10 g 稻草粉,0.5% $KH_2PO_4$,0.5% $(NH_4)_2SO_4$,加 15 mL 水(加水量 40%~60%),拌匀,装瓶。
3. 灭菌
121 ℃灭菌 30 min,冷却至室温。
4. 米曲霉孢子悬浮液制备
已培养好的米曲霉孢子斜面一支,加入约 10 mL 无菌水,洗下孢子,制成孢子悬液。
5. 接种
用移液管在无菌条件下吸取一定量的悬液,移入灭菌好的固体培养基中,于 30 ℃条件下培养 96 h,期间每隔 12 h 摇动三角瓶一次。

6. 提取粗酶液

向瓶中加入无菌水约 50 mL,浸泡固体曲 30 min ~ 1 h;过滤得粗酶液。

7. 酶活性测定

(1)配制 1% CMC 底物平板:1 g 羧甲基纤维素钠,1.8 g 琼脂,100 mL,琼脂完全溶解后,加入 0.03 g 曲利本蓝,倒平板,每皿约 15 mL。

(2)打孔:打孔器经酒精燃烧灭菌后,每平板打 4 孔,并在酒精灯火焰上稍稍加热打孔处,使孔周围的培养基微融,然后平放冷却。

(3)加样:往孔内加入粗酶液适量(约 100 μL),同时需设对照。

(4)培养(反应):将加样后的平板小心平端放入 30 ℃培养箱,放置 20 h 左右。

(5)观察结果:可直接观察透明圈有无,测定透明圈直径。

## 五、实验结果

(1)仔细观察固体培养基发酵前后的状态,并描述。

(2)仔细观察底物平板酶解前后的现象,并测量水解圈大小。

## 六、思考题

纤维素是自然界最丰富的资源,从理论角度分析如何最大限度地通过酶法利用该资源? 而现实存在什么问题?

# 实验十　甘露聚糖酶液体发酵及酶解反应

## 一、实验目的

1. 了解并掌握液体发酵产酶操作及酶反应条件的控制。
2. 与固体发酵产酶进行比较分析。

## 二、实验原理

甘露聚糖是植物半纤维素的重要组分,其主链是由吡喃甘露糖残基以 $1,4-\beta-D-$糖苷键连接而成。当主链的某些残基被葡萄糖取代,或半乳糖通过 $1,6-\alpha-$糖苷键与甘露糖残基相连形成分枝,则称之为异甘露聚糖,主要有半乳甘露聚糖、葡萄甘露聚糖和半乳葡萄甘露聚糖。甘露聚糖是半纤维素的第二大组分,在自然界中分布广泛,且多以异甘露聚糖的形式存在,同型甘露聚糖十分少见。$\beta-$甘露聚糖酶以内切方式降解甘露聚糖主链产生不同聚合度的甘露寡糖和少量甘露糖,是甘露聚糖降解酶中最关键的酶。

甘露聚糖酶可广泛应用于食品、造纸、纺织印染等行业。利用 $\beta-$甘露聚糖酶可以制取有特殊保健作用的甘露寡糖。在纸浆制造业,可用于代替碱法进行脱色、漂白。在纺织印染方面,利用 $\beta-$甘露聚糖酶与其他酶联合作用,能有效去除产品上黏附的多余染料,降低能耗和对环境的污染等。甘露聚糖酶的工业化生产将在许多行业产生很大的经济效益和社会效益。因此,近年来甘露聚糖酶逐渐成为国内外关注和研究的热点之一。

甘露聚糖酶是一种半纤维素酶,其产生需要一定的诱导物存在。本实验以枯草芽孢杆菌为菌株,以魔芋粉为诱导物。

## 三、实验试剂、材料和设备

1. 菌种

枯草芽孢杆菌。

2. 试剂

蛋白胨、酵母粉、氯化钠、魔芋粉。

3. 仪器

培养箱、灭菌锅、三角瓶、摇床、离心机、天平、三角瓶。

## 四、实验内容

(1)菌种活化

1)配制 LB 固体培养基:蛋白胨 10 g/L,酵母提取物 5 g/L,氯化钠 10 g/L,琼脂 20 g/L,待琼脂充分溶解后趁热纱布过滤,分装试管,每试管 5～10 mL(视试管大小而定),121 ℃蒸汽灭菌 20 min 左右后取出试管摆斜面,冷却后贮存备用。

2)在无菌超净台上接种保藏的枯草芽孢杆菌于 LB 斜面,28 ℃培养 2 天。

(2)配制产酶培养基:蛋白胨 10 g/L,酵母提取物 5 g/L,氯化钠 10 g/L,魔芋粉30 g/L。

(3)以10%的体积量分装于三角瓶中(25 mL 液体培养基/250 mL 三角瓶),121 ℃灭菌 20 min。

(4)菌悬液的制备:已培养好的枯草杆菌斜面一支,加入约 10 mL 无菌水,洗下菌体,制成菌悬液。

(5)接种:用移液管在无菌条件下吸取一定量的悬液,移入灭菌好的固体培养基中,于 37 ℃ 200 r/min 条件下培养 72 h。

(6)粗酶液提取:3 000 r/min 离心收集得到粗酶液。

(7)酶解底物分析:准备两个三角瓶,分别加入 50 mL 自来水,46 ℃水浴保温。

(8)往两个三角瓶中各加入 1 g 魔芋粉,然后其中一个加入粗酶液 1 mL,另一个加入 1 mL 蒸馏水(做空白对照)。以后每隔 5～10 min 往两个三角瓶中各加入 1 g 魔芋粉,前后共加 5 g。

(9)酶解反应 30～60 min,期间观察反应现象。

## 五、实验结果

(1)仔细观察液体培养基发酵前后的状态,并描述。

(2)仔细观察底物水解前后的现象。

## 六、思考题

以液体发酵产酶为例,请详细介绍甘露聚糖酶定量测定的原理与方法。

# 实验十一　面包的制作工艺

## 一、实验目的

1. 掌握面包制作的方法。
2. 通过亲手实践,了解面包的加工原理、工艺流程以及面团在整个过程中的变化,熟知产品的基本生产过程。
3. 加强动手能力、合作与交流。

## 二、实验原理

面包是以小麦面粉为主要原料,以酵母、鸡蛋、油脂、果仁等为辅料加水调制成面团,经过发酵、整形、成型、烘烤、冷却等加工而成的焙烤食品。在面团发酵过程中,通过一系列的生物化学变化,积累了足够的生成物,使最终的制品具有优良的风味和芳香感,使面团发生一些物理的、化学的变化后变得柔软,容易延展,便于机械切割和整形等加工。在发酵过程中进一步促进面团的氧化,增强面团的气体的保持能力。面粉中的碳水化合物大部分是以淀粉的形式存在的,淀粉中所含的淀粉酶在适宜的条件下,能将淀粉转化为麦芽糖,进而继续转化为葡萄糖供给酵母发酵所需要的能量。酵母是一种生物膨胀剂,当面团加入酵母后,酵母即可吸收面团中的养分生长繁殖,并产生二氧化碳气体,使面团形成膨大、松软、蜂窝状的组织结构。水是面包生产的重要原料,水可以使面粉中的蛋白质充分吸水,形成面筋网络,水可以使面粉中的淀粉受热吸水而糊化,可以促进淀粉酶对淀粉进行分解,帮助酵母生长繁殖。盐可以增加面团中面筋质的密度,增强弹性,提高面筋的筋力,可以调节发酵速度。

面包面团的四大要素:面粉、酵母、水和盐是密切相关、缺一不可的,它们的相互作用才是面团发酵原理之所在。其他的辅料如糖、油、奶、蛋、改良剂等也是相辅相成的,它们不仅仅是改善风味特点,丰富营养价值,而且对发酵也有着一定的辅助作用。糖是供给酵母能量的来源,油能对发酵的面团起到润滑作用,使面包制品的体积膨大而疏松;蛋、奶能改善发酵面团的组织结构,增加面筋强度,提高面筋的持气性和发酵的耐力。使面团更有胀力,同时供给酵母养分,提高酵母的活力。

面包酵母加入面团中后,在适宜的温度下便开始生长繁殖。它首先利用面团中的单糖和蔗糖,产生 $CO_2$ 气体和各种发酵产物。在酵母生长、发酵的同时,面粉中的 β-淀粉酶将面粉中的淀粉转化为麦芽糖。麦芽糖的增加,为酵母菌进一步生长、发酵提供了可利用的营养物质。酵母菌菌体本身分泌麦芽糖酶和蔗糖酶,将麦芽糖和蔗糖分解为单糖后进行利用。酵母菌利用这些糖类及其他营养物质先后进行有氧呼吸和无氧呼吸,产生 $CO_2$、乙醇、醛酮和乳酸等物质。生成的 $CO_2$ 气体由于被面团中的面筋包围,不易跑出,留在面团内,从而使面团逐渐膨大。烘烤面包时,由于面团内的 $CO_2$ 膨胀、逸散,从而使面包充满气孔,形成海绵状。发酵中产生乙醇、醛酮和乳酸等物质形成面包良好的风味。在面包发酵过程中尤其要注意温度和湿度。温度:以 27~29 ℃ 为最适宜温度,温度过高会促进面团迅速老熟,持气性下降;温度过低,面团冷却,醒发迟缓,延长醒发时间。湿

度:适宜的湿度为70%~75%,若太干燥,面包胚表面结成硬壳,使烤好的面包内残存硬面块,组织差;湿度过大,面包胚表面结水使黏度增大,影响下一工序的成型操作。

### 三、实验试剂、材料和仪器

高筋面粉1 000 g、鸡蛋100 g、奶粉30 g、豆沙馅100 g、白砂糖200 g、水500 g、面包改良剂10 g、即发干酵母15 g、黄油80 g、食盐12 g。

### 四、实验内容

1. 面团的调制

将水、蛋、糖、食盐、面包改良剂充分混合搅拌;将奶粉、即发干酵母与面粉混合搅拌;搅拌均匀的时候加入黄油继续搅拌,到面粉不粘锅的时候完成。

2. 基础醒发

面团在基础醒发的过程中,面筋得到充分的氧化(面团在搅拌时其实也是一个充氧的过程),面团的延伸性更好。将揉搓好的面团裹上保鲜膜放入温水中,保温3 h至一倍大。发酵60 min,温度28~30 ℃。

3. 分割面团

取出基础醒发后的面团,再进行揉搓,然后将面团分割,就是通过称量把大面团分割成所需要重量的小面团。每个15 g,揉圆后打开一个小口放入内陷,静置20 min。

4. 滚圆(搓圆)

分割后的面团不能立即成型,必须要搓圆,通过搓圆使面团外表形成一层光滑表皮,利于保留新的气体,从而使面团膨胀。光滑的表皮还有利于以后在成型时面团的表面不会被粘连,使成品的面包表皮光滑,内部组织也会较均匀。搓圆时尽可能不用面粉,以免面包内部出现大空洞,搓圆时用力要均匀。

5. 中间醒发

装有生坯的烤模,置于醒发箱内,箱内温度为35~38 ℃,相对湿度为80%~85%,进行醒发。中间醒发是指通过搓圆后的面团到成型之间的这段时间,一般在15~20 min。具体要看当时气温和面团松弛的状态,看面团的状态显示是否适合所做面包的成型要求。生坯发起的最高点略高出烤模上口即醒发成熟。

6. 成型

成型也叫整形,就是把经过中间醒发后的面团做成产品要求的形状。

7. 烘烤

将成型的面团涂上蛋液后,放入模具中,注意不要挨的太近,有面包香气且增长一倍大时即可。刷蛋水,上火180~190 ℃,下火190 ℃约烤15 min,出炉后刷一层植物油。

8. 冷却

出炉的面包待稍冷后脱出烤模,置于空气中自然冷却至其中心温度下降至32 ℃,冷却后可用塑料袋进行包装。

### 五、实验结果

观察面包色泽、形态,品尝所制作面包,拍摄成品照片,写出品评结果。

## 六、注意事项

(1)搅拌不要过度,如果搅拌过度的话,面筋会被打断,导致面包在发酵产气时很难保住气体,面包体积扁小,和面搅拌的时间不宜超过 20 min。

(2)酵母应先用凉水溶解,激活后再加入已被搅拌机和匀的面团中,搅拌时水不能放多,放多的话面团会很黏,不利于固定形状。

(3)酵母不能放的太多,太多的话会让面包有种酸味。

(4)注意控制发酵温度在 28 ~ 30 ℃,温度过高易滋生杂菌,且蛋白易被破坏。

(5)面团分割滚圆时不能太过用力,不要将面团中的空气压出。

(6)面团分割时应在操作板上涂一层油,将面团滚圆后放入烤盘之前也应在烤盘上涂一层油,避免面团粘于其上。

(7)擀开后要用手压掉边边的气泡,擀均匀点,擀好后将面皮翻过来再自上而下卷起来,记得收口要捏紧,而且收口的地方朝下放入土司盒中。

(8)不同烤箱不同模具的烘烤温度和时间都不一样,如果你不能调上下火,就统一为 180 ℃。

## 七、思考题

面包醒发时,温度和湿度过高或过低对产品产生什么影响?

# 实验十二　豆豉的发酵生产

## 一、实验目的

1. 了解豆豉发酵的原理、豆豉的分类以及豆豉的功能。
2. 掌握豆豉发酵的方法。

## 二、实验原理

豆豉是利用微生物分泌的蛋白酶的作用将大豆蛋白质分解至一定程度时,用盐渍、加酒、干燥等方法抑制酶活,延缓发酵过程,使熟豆的部分蛋白质和水解物在特定条件下保存下来,形成具有特定风味的发酵食品。

豆豉种类很多,按生产原料分为黄豆和黑豆。根据发酵过程中主要的优势微生物的不同,可以分为 4 大类:细菌型、毛霉型、根霉型、曲霉型。

豆豉发酵过程中各菌菌相发生变化,尤其是后发酵阶段。后发酵前六天,微生物数量变化大,持续减少,直到后发酵的第十五天,细菌总数才趋于平稳。在豆豉后发酵过程中,由于芽孢杆菌、乳酸菌等菌体的作用,使得基质的 pH 逐渐减低,随着这些细菌的减少,由于霉菌分泌的淀粉酶、蛋白酶的作用,再加上厌氧环境,促使酵母菌大量生长。但是发酵中加了大量的食盐,因此酵母菌在第七天后逐渐减少。但它的存在能够产生大量的酶类,利用这些酶类通过一系列复杂的生化反应,形成豆豉所特有的色、香、味以及豆豉所特有的功能性营养成分。制曲结束后,霉菌由于受到高盐度的抑制而迅速减少。虽然霉菌能够产生大量的淀粉酶与纤维素酶,但是由于霉菌数量太少,产生的酶数量有限。但在制曲末期,霉菌数量大增,产生大量的淀粉酶与纤维素酶,且转入后发酵以后依然能保持活性而作用于后发酵。可见,霉菌在发酵过程中虽然数量不多,但它始终是豆豉发酵的主要微生物。

后发酵过程中乳酸菌、芽孢杆菌和酵母菌占有主体优势,而霉菌的存活量很少。但是制曲过程中,霉菌多产生的蛋白酶、纤维素酶等一直作用于后发酵过程。而乳酸菌、芽孢杆菌和酵母菌产生的酶较制曲过程中霉菌产生的酶较少,但它们的存在能够通过酶类发生一系列复杂的生化反应,形成豆豉所特有的色、香、味和功能性营养成分。

### 三、实验试剂、材料和仪器

(1)黑豆曲胚配料:黑豆 100 kg,食盐 18 kg,白酒(50°以上)1.0 L,水 10 ~ 15 L。

(2)黄豆曲胚配料:黄豆 100 kg,食盐 18 kg,白酒(50°以上)3.0 L,醪糟(2 斤糯米制)4.0 kg,冷开水 5 ~ 10 L。

### 四、实验内容

#### (一)工艺流程

黑豆(黄豆)→筛选→洗涤→浸泡→沥干→蒸煮→冷却→接种→制曲→洗豉→拌盐→发酵→晾干→成品(干豆豉)

#### (二)实验过程

(1)原料筛选:选择成熟充分、颗粒饱满均匀、皮薄肉多、无虫蚀、无霉烂变质,并且有一定新鲜度的大豆为宜。

(2)洗涤:用少量水多次洗去大豆中混有的砂粒杂质等。

(3)浸泡:浸泡的目的是使黑豆吸收一定水分,以便在蒸料时迅速达到适度变性;使淀粉质易于糊化,溶出霉菌所需要的营养成分;供给霉菌生长所必需的水分。大豆粒吸收率在82%,此时大豆体积膨胀率为130%。大豆浸泡后有90% ~ 95%豆粒"伸长"(膨胀无皱纹),若浸泡不足,含水量在40%以下,对毛霉菌生长和产酶不利,发酵后霉颗粒硬实不舒软;浸泡过度,含水量达55%以上,曲粒过湿,容易升温酸败,发酵后的豆豉表皮失去光泽不油润。故大豆浸泡时,一般掌握水温为35 ~ 40 ℃,用水量淹过原料30 cm,黑豆浸泡约5 h,黄豆浸泡约1.5 h。

(4)蒸煮:蒸煮的目的是破坏大豆内部分子结构,使蛋白质适度变性,易于水解,淀粉达到糊化程度,同时可起到灭菌的作用。

蒸料必须控制好蒸料的程度,豆粒蒸过心而均匀,豆肉酥松,不得过生或过熟。其标准是闻有豆香,用手捏压豆粒,十之七八成粉碎状,口尝无豆腥味,消化率70%以上,含水量56% ~ 57%。若熟度不够,原料中蛋白质为达到适度变性,消化率不高,发酵后的豆豉坚硬而不酥松化渣,鲜香味差。若蒸过熟,蛋白质过度变性,豆粒组织硬度降低,发酵后的豆豉易脱皮,肉质糜烂,表皮角质蜡状物被破坏,油润光泽消失。黑豆一般采用常压蒸料。并分前后两个木甑,换甑蒸料。使甑内上下原料对翻,便于蒸熟一致。蒸料时间一般5 h 左右。黄豆常压蒸料4 h,不翻甑。

(5)摊晾:常压蒸料出甑后,装入笭管,待其自然降温到 30~35 ℃时,进曲房分装曲盘(簸箕或竹席),装量厚度黑豆为 2~3 cm,黄豆为 4~5 cm。

(6)制曲:制曲的目的是使煮熟的豆粒在霉菌的作用下产生相应的酶系。在酿造过程中产生丰富的代谢产物,使豆豉具有鲜美的滋味和独特风味。

把蒸煮后大豆出锅,冷却至 35 ℃左右,接种米曲霉,接种量为 0.5%,拌匀入室,保持室温 28 ℃,16 h 后每隔 6 h 观察。制曲 22 h 左右进行第一次翻曲,翻曲主要是疏松曲料,增加空隙,减少阻力,调节品温,防止温度升高而引起烧曲或杂菌污染。28 h 进行第二次翻曲。翻曲适时能提高制曲质量,翻曲过早会使发芽的孢子受抑,翻曲过迟,会因曲料升温引起细菌污染或烧曲。当曲料布满菌丝和黄色孢子时,即可出曲。一般制曲时间为 34 h。

(7)洗豉:豆豉成曲表面附着许多孢子和菌丝,含有丰富的蛋白质和酶类,如果孢子和菌丝不经洗除,继续残留在成曲的表面,经发酵水解后,部分可溶和水解,但很大部分仍以孢子和菌丝的形态附着在豆曲表面,特别是孢子有苦涩味,会给豆豉带来苦涩味,并造成色泽暗淡。

(8)加青矾:使豆变成黑色,同时增加光亮。

(9)浸焖:向成曲中加入 18% 的食盐、0.02% 的青矾和适量水,以刚好齐曲面为宜,浸焖 12 h。

(10)发酵:将处理好的豆豉装入罐中至八九成满,装时层层压实,置于 28~32 ℃恒温室中保温发酵。发酵时间控制在 15 天左右。豆豉的发酵就是利用制曲过程中产生的蛋白酶分解豆中的蛋白质,形成一定量的氨基酸、糖类等物质,赋予豆豉固有的风味。发酵期间,必须保持坛沿口不干涸,每 3~4 天换水一次,保持清洁,装坛后 5~7 天需进行清坛,开坛检查坛内外豆胚下沉情况,若发现下沉或收缩,必须补加曲料填满充实。发现坛口部分有白花点或白膜,称生白。生白后的豆豉香气减少,口味不佳。因嗜盐性产膜酵母繁殖,消耗豆豉中的营养物质。产膜酵母属于好气性微生物,在减少、隔绝空气条件下可预防。发生后,取出膜层酵母,用白酒少量拌和,杀灭菌体,再回装坛内,严密封口。

成熟的豆豉,若经加热灭菌后,便能较长期保存。

**(三)质量标准**

**1. 感官指标**

(1)色泽:黑褐色、油润光亮。

(2)香气:酱香、酯香浓郁,无不良气味。

(3)滋味:鲜美、咸淡可口,无苦涩味。

(4)体态:颗粒完整,松散,质地较硬。

**2. 理化指标**

水分不低于 18.54%;蛋白质 27.61 g/100 g;氨基酸 1.6 g/100 g;总酸(以乳酸计)3.11 g/100 g;盐分(以氯化钠计)14 g/100 g;非盐类固体 29 g/100 g;还原糖(以葡萄糖计)2.09 g/100 g。

**五、实验结果**

(1)对制作的豆豉进行感官评定,并进行描述然后打分。

（2）成品图拍成照片附到实验报告后面。

（3）对成品进行理化指标测定。

## 六、思考题

（1）豆豉发酵的原理是什么？

（2）查文献写一篇关于豆豉研究新的发展方向的论文。

# 实验十三　固态低盐发酵法制备酱油工艺

## 一、实验目的

1. 了解固态低盐发酵法制备酱油工艺的原理。

2. 掌握固态低盐发酵法制备酱油工艺的发酵方法。

3. 掌握固态低盐发酵法制备酱油发酵过程中出品率、原料利用率的计算过程。

## 二、实验原理

酱油是中国传统的调味品,用豆、麦、麸皮酿造的液体调味品,色泽为红褐色,有独特的酱香,滋味鲜美,有助于促进食欲。

酱油用的原料是植物性蛋白质和淀粉质。植物性蛋白质便取自大豆榨油后的豆饼,或溶剂浸出油脂后的豆粕,也有以花生饼、蚕豆代用,传统生产中以大豆为主;淀粉质原料普遍采用小麦及麸皮,也有以碎米和玉米代用,传统生产中以面粉为主。原料经蒸熟冷却,接入纯粹培养的米曲霉菌种制成酱曲,酱曲移入发酵池,加盐水发酵,待酱醅成熟后,以浸出法提取酱油。制曲的目的是使米曲霉在曲料上充分生长发育,并大量产生和积蓄所需要的酶,如蛋白酶、肽酶、淀粉酶、谷氨酰胺酶、果胶酶、纤维素酶、半纤维素酶等。在发酵过程中味的形成是利用这些酶的作用。如蛋白酶及肽酶将蛋白质水解为氨基酸,产生鲜味;谷氨酰胺酶把无味的谷氨酰胺变成具有鲜味的谷氨酸;淀粉酶将淀粉水解成糖,产生甜味;果胶酶、纤维素酶和半纤维素酶等能将细胞壁完全破裂,使蛋白酶和淀粉酶水解更彻底。同时,在制曲及发酵过程中,从空气中落入的酵母和细菌也进行繁殖并分泌多种酶,也可添加纯粹培养的乳酸菌和酵母菌。由乳酸菌产生适量乳酸,由酵母菌发酵生产乙醇,以及由原料成分、曲霉的代谢产物等所生产的醇、酸、醛、酯、酚、缩醛和呋喃酮等多种成分,虽多属微量,但却能构成酱油复杂的香气。此外,由原料蛋白质中的酪氨酸经氧化生成黑色素,淀粉酶水解为葡萄糖与氨基酸反应生成类黑素,使酱油产生鲜艳有光泽的红褐色。发酵期间的一系列极其复杂的生物化学变化所产生的鲜味、甜味、酸味、酒香、酯香与盐水的咸味相混合,最后形成色香味和风味独特的酱油。

酱油的生产方法:根据醪及醅状态的不同,分为稀醪发酵、固稀发酵、固态发酵;根据加盐多少的不同,又分为无盐发酵、低盐发酵、高盐发酵。固态低盐发酵法是当前我国广泛采用的酱油生产工艺。

氨基酸是酱油中的重要成分之一,酱油中氨基酸是由蛋白质水解所产生的。

### 三、实验试剂、材料和仪器

1. 原料

菌种（米曲霉沪酿 3042）、麸皮、黄豆饼粉、食盐。

2. 材料

电炉、铝盒、搪瓷盘、标本缸、三角瓶、温度计、酒精灯、接种针、玻璃棒、75% 酒精、波美表、量筒。

### 四、实验内容

#### （一）三角瓶种曲的制作

1. 原料配比

麸皮 100 g，水 100 mL，拌匀。

2. 装瓶灭菌

将配好的原料装入 250 mL 三角瓶中，装量约 1 cm 厚，擦净瓶口加棉塞，用纸包扎好，置于 1 kg/ cm² 压力下灭菌 30 min，灭菌后趁热摇散。

3. 接种与培养

待到冷却后，接入斜面或麸皮管培养的米曲霉 3042，摇匀后置 30 ℃恒温培养。约 18 h，三角瓶内曲料已稍发白结饼，摇瓶一次，将结块摇碎，继续培养。再过 4 h 左右，曲料发白又结饼，再摇瓶一次，经过 2 天培养，把三角瓶倒置过来，继续培养待全部长满绿色孢子，即可使用。若需要保存较长时间，可在 37 ℃温度下烘干于阴凉处保存。

#### （二）酱油曲的制作

制曲是酱油酿造的重要环节，只有良好的曲才能酿造品质优良的酱油，它是酿造酱油的基础。

1. 原料配比

豆饼 300 g，麸皮 200 g，水 500 mL。

2. 制曲过程

豆饼 300 g+500 mL 70 ~ 80 ℃热水（勿搅）→润水 30 ~ 40 min→加麸皮 200 g→装入铝盒→于 1 kg/ cm² 压力下灭菌 30 min→倒入用 75% 酒精消毒的瓷盘中摊冷→冷到 40 ℃接入 0.3% ~ 0.5% 的三角瓶种曲→搅匀，盖上湿纱布 20 ~ 30 ℃下培养 30 ~ 40 h。

3. 酱油大曲培养过程管理

（1）培养 12 ~ 16 h，当品温上升到 34 ℃左右，曲料面层稍有发白结块，进行一次翻曲，此后过 4 ~ 6 h，当品温又上升到 36 ℃时，再进行第二次翻曲。

（2）防止曲表面失水干燥，用湿纱布盖好，并要勤换。

（3）通过曲料颜色、曲料温度、气味等观察其生长过程。

（4）通过酶活力（蛋白酶）分析可判断制曲的时间及好坏。

（5）成曲质量标准：外观块状、疏松，内部白色菌状丝茂盛，并着生少量嫩黄绿色孢子，无灰黑色或褐色夹心，具有正常的浓厚曲香，无酸味、豆豉臭、氨臭及其他异味，含水量约 30% ，蛋白酶活力约 1 000 单位/克$_{曲}$，细菌<50 亿/克$_{干曲}$。

**（三）发酵**

**1. 食盐水的配制（12～13 °Bé 盐水）**

食盐溶解后，用波美表测定浓度，并根据当时温度调整到规定浓度。一般经验是 100 kg 水加盐 1.5 kg 左右得 1 °Bé 盐水，但往往因为食盐质量不同而需要增减。采用波美表测定一般以 20 ℃ 为标准温度，但实际生产上配制盐水时，往往高于或低于此温度，因此必须换算成标准温度时盐水的波美度。计算公式如下：

当盐水温度高于 20 ℃ 时，$B \approx A + 0.05(t - 20 \text{℃})$

当盐水温度低于 20 ℃ 时，$B \approx A - 0.05(20 \text{℃} - t)$

式中：$B$——标准温度时盐水的波美度数；

　　　$A$——测得盐水的波美度数；

　　　$t$——测得盐水的当时温度，℃。

**2. 制醅**

将大曲捏碎，拌入 300 mL、55 ℃、12 °Bé 的盐水，使原料含水量达到 50%～60%（包括成曲含水量 30% 在内），充分拌匀后装入标本缸中，稍压紧，在醅面加约 20 g 的封口盐，盖上盖子。

**3. 发酵管理**

将制好的酱醅于 40 ℃ 恒温箱中发酵 4～5 天，然后升温到 42～45 ℃ 继续发酵 8～10 天。整个发酵期为 12～15 天。发酵成熟的酱醅质量标准如下：①红褐色，有光泽，醅层颜色一致；②柔软，松散，不黏不干，无硬心；③有酱香，味鲜美，酸度适中，无苦涩及不良气味；④pH 不低于 4.8，一般为 5.5～6.0；⑤细菌数<30 万/克。

**4. 浸出与淋油**

将纱布叠成四层铺在 2 000 mL 分装器底部，把成熟酱醅移到分装器中，加入沸水 1 000 mL，置于 60～70 ℃ 恒温箱中浸泡 20 h 左右，放开分装器出口流油，滤干后计量并用波美表测浓度，此油为头油。一般酱油波美度达到 18 °Bé 为准，低于此值者加盐调节。

成品酱油的感观指标：①色泽——棕褐色或红褐色，鲜艳，有光泽，不发乌；②香气——有酱香及其他酯香气，无其他不良气味；③滋味——鲜美，适口，味醇厚，不得有酸、苦、涩等异味；④体态——澄清，不浑浊，无沉淀，无霉菌浮膜。

## 五、实验结果

酱油生产中的技术经济指标中主要包括出品率、原料利用率及原材料消耗，具体内容及计算方法如下：

**1. 氨基酸生成率**

通过酱油成品中全氮与氨基酸氮的生成比例，可以看出原料分解程度，判断产品和质量的高低。

（1）试剂：甲醛溶液（36%～38%）。

0.05 g/L 氢氧化钠溶液：称取 2 g 氢氧化钠，溶于水并稀释至 1 000 mL。（说明：所配制的标准溶液需要标定，具体方法可参考有关国家标准）。

（2）测定步骤：吸取 10 mL 酱油，用水稀释定容至 100 mL。吸取 2 mL 稀释液，置入 100 mL 烧杯中，加 80 mL 水，搅拌下，用 0.05 g/L 氢氧化钠溶液滴定至 pH＝8.20（用酸度计测量），此为游离酸度，不予计量。加 10 mL 甲醛溶液，立即用 0.05 g/L 氢氧化钠溶液滴定至 pH=9.20（用酸度计测）。另取 80 mL 水，不加酱油稀释液，作为空白液，同上操作。

（3）计算

$$氨态氮（\%）=（V-V_0）\times N \times 0.014\ 01 \times \frac{100}{2} \times \frac{1}{10} \times 100\%$$

式中　$V$——加甲醛后试液消耗氢氧化钠溶液体积，mL；

　　　$V_0$——加甲醛后空白液消耗氢氧化钠溶液体积，mL；

　　　$N$——氢氧化钠溶液的当量浓度。

　　　0.014 01——氮的毫克当量，g。

　　　2——为吸取酱油稀释液的体积，mL；

　　　100——为酱油稀释的体积，mL；

　　　10——吸取酱油的体积，mL。

2. 原料利用率

原料利用率以蛋白质利用率为主，淀粉利用率仅作为参考。蛋白质利用率计算公式如下：

$$蛋白质利用率=（G \times T_N/d \times 6.25）/P \times 100\%$$

式中　$G$——酱油实际产量；

　　　$T_N$——实测酱油中的全氮含量，g/100 mL；

　　　$P$——为原料中蛋白质总量。

## 六、注意事项

（1）甲醛法中除氨态氮外别的氮也能起反应，故误差较大。另外，由于各种氨基酸的等电点不同，故确定一个合适的滴定终点较为困难。氨态氮较为正确的测定方法宜用范斯莱克定氮法（VanSlyke）。

（2）酱油色泽较深，采用指示剂方法进行滴定其误差更大。若经活性炭脱色，则许多芳香族氨基酸易被吸附，使结果偏低。

## 七、思考题

豆粕：1 950 kg，含蛋白质 46.92%；麸皮 190 kg，含蛋白质 13.95%；碎米 470 kg，含蛋白质 8.50%。结果生产酱油 10 500 kg，其质量为全氮 1.40 g/100 mL，比重 1.2，求该批原料的蛋白质利用率及酱油的出品率。

# 实验十四　红曲的发酵及其色素的提取

## 一、实验目的

1. 了解红曲菌液体菌种的制备方法，为红曲发酵实验准备液体种子。

2. 了解固体发酵的工艺过程，在实验室中小规模制备红曲。

3.熟悉从红曲中分离代谢产物的方法,以及掌握红曲色素色价的测定方法。

## 二、实验原理

红曲又名丹曲、赤曲、红曲米,是以籼米为原料,经红曲霉菌液体深层发酵精制而成,是一种纯天然、安全性高、有益于人体健康的食品添加剂。而且本品色泽鲜艳、色调纯正,是天然绿色食品理想的着色剂。它应用范围广泛,包括食品类(肉制品、果汁、色酒、果酱、饮料、糖果、糕点、酱油、保健醋等),药品类(药品着色剂、功能性保健品),化妆品类。红曲米和原料米比对如图4-1所示。

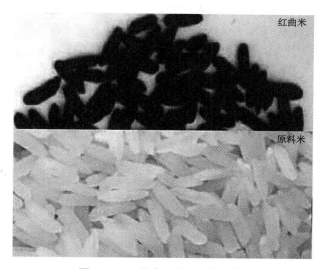

图4-1　红曲米和原料米比对图

红曲色素是一种由红曲霉属的丝状真菌经发酵而成的优质的天然食用色素,是红曲霉的次级代谢产物。

红曲色素分为黄色素、橙色素和紫红色素。商品名叫红曲红,是以大米、大豆为主要原料,经红曲霉菌液体发酵培养、提取、浓缩、精制而成,或者是以红曲米为原料,经萃取、浓缩、精制而成的天然红色色素。物理性质:红曲色素呈深紫红色粉末,略带异臭,熔点为165～192 ℃。化学性质:红曲色素中的脂溶性色素均能溶于乙醇等有机溶剂。常用的溶剂是乙醇和醋酸,红曲色素含量低时其溶液呈鲜红色,含量高时呈黑褐色并伴有荧光产生。对蛋白质的着色性能极好,一旦染着,虽经水洗,亦不掉色。经研究证明,红曲色素的热稳定性较好,优于其他合成色素,在天然色素中其耐热性能也属优良。红曲色素的醇溶液受紫外线的影响较小,但日光能使色度降低。通过对红曲色素中红、橙、黄3类色素光稳定性实验分析发现,红曲色素中红、橙、黄3类色素间光稳定性差别很大,黄色素的光稳定性最强,其次为红色素,橙色素对光最不稳定。实践证明,红曲色素不受常见金属离子与氧化剂和还原剂的影响。对食品中54种易污染的微生物进行抑菌试验证明:红曲色素对肉毒梭状芽孢杆菌、蜡状芽孢杆菌、霉状杆菌、枯草杆菌、金黄色葡萄球菌、荧光假单胞杆菌有较强的抑制作用。

红曲霉菌是一种好氧性微生物,除了能进行固体浅盘培养外,还可以用液体摇瓶培养的方法来获得种子。液体菌种生产具有纯度高、活力强、繁殖快的特点,接种到固体培养料内有流动性好、萌发点多、菌丝生长迅速等特点。液体菌种应用于生产,与固体菌种相比有以下优点:菌种生产周期短;接种后,萌发点多;接种方便,成本低;适宜工厂化生产。液体菌种为固态发酵的集约化、标准化生产创造了更好的条件。

红曲霉菌作为红曲的生产菌,以其可产生大量天然色素而著称。红曲的应用主要有三方面:食品色素、药物和发酵食品。

红曲的主要成分:①红曲色素,包括黄色素、橙色素和紫红色素;②活性酶;③洛伐他汀(日本发现);④抑菌物质,如桔霉素(Citrinin)等。

国内红曲的生产现在普遍采用固态发酵的方法。

影响红曲发酵的因素:

(1)菌种:应选择生长快、适应性强、产红色素明显的菌株。

(2)原料:一般选用无黏性的粳米或籼米,其淀粉含量高、营养丰富,且可吸收适量水分。米的含水量对发酵影响很大,起始水分含量低,红曲色素易生成;水分含量高,会抑制色素合成。一般米中含水量以 25% ~30% 为宜。

(3)补水:红曲霉在生长繁殖过程中,需要补充适量水分,尤其在生长旺盛期补水显得更为重要。

(4)湿度:空气相对湿度关系到水分的蒸发,对发酵的影响也很大,一般相对湿度控制在 85% 以上。

(5)温度:能在 20 ~37 ℃ 范围内生长,通常冷却至 30 ℃ 左右即可接种,采用 30 ℃ 发酵。

(6)通气:红曲霉是一种好氧性微生物,因此培养过程中要注意保持良好的通气。

大米经红曲菌固体发酵后产生了一系列红曲菌的代谢产物,但这些产物的量非常少,大米仍占固体发酵产物的绝大部分体积,为了降低运输成本,常常要对红曲菌的代谢产物进行提取和浓缩。红曲的代谢产物中既有水溶性组分,也有脂溶性组分,因此可用 80% 的丙酮(丙酮:水 = 80:20)抽提。用 HCl 或 NaOH 处理可以将其中的酸溶性组分、碱溶性组分和中性组分分开。

选择溶剂一般要注意以下 4 点:①溶剂对所需成分的溶解度要大,对杂质溶解度要小,或反之;②溶剂不能与天然药物成分产生化学反应,即使反应亦属于可逆性的;③溶剂要经济易得,并具有一定的安全性;④沸点宜适中,便于回收反复使用。

红色素能溶于 80% 的乙醇中,可通过萃取从米粒中提取出来,红曲色素在 505 nm 处有最大的吸收峰,可用分光光度计来测定。

## 三、实验试剂、材料和仪器

1. 菌种

两种红曲菌种;优质籼米。

2. 试剂和培养基

醋酸乙酯,丙酮,80% 乙醇。

玉米面液体培养基:蛋白胨 20 g/L,玉米面 20 g/L,酵母浸粉 10 g/L,硫酸镁 0.5 g/L,磷酸氢二钾 1 g/L,硫酸亚铁 0.1 g/L,pH 6.0。

3. 仪器

两个 500 mL 三角瓶,酒精灯,接种针,恒温摇床,超净工作台,高压蒸汽灭菌锅,旋转蒸发仪,分液漏斗,分光光度计,水浴锅,量筒等。

## 四、实验内容

### (一)红曲液体菌种的制备

(1)配制玉米面液体培养基。500 mL 三角瓶中装玉米面液体培养基 150 mL,包扎后 0.1 MPa 灭菌 20 min。

(2)玉米面液体培养基灭菌冷却后,每瓶中接入 1/4 支红曲斜面菌苔(注意无菌操作)。

(3)接种后置 30 ℃恒温摇床中 180 r/min 摇瓶培养 3 天。

### (二)红曲固体发酵

工艺流程如下:

菌种→选育→斜面培养→摇瓶培养→液体种子发酵,然后接种;

大米→清理→浸泡→清洗→蒸饭→冷却→接种→固体培养→干燥→粉碎→红曲色素提取

(1)浸米:取 1/3 袋左右的大米,25 ℃以上浸米约 20 h,大米吸收水分在28% ~30%。

(2)蒸米:将浸好的米用清水淋去米浆水,沥干,即可蒸米。上汽火力要强,加水40%,121 ℃,蒸 30 min,待全部圆气以后,饭粒呈玉色,粒粒疏松,不结团块。

(3)摊凉接种:将蒸熟的曲料倒在超净工作台上迅速打碎团块,摊平冷却到 30 ~32 ℃。每组准备好 500 mL 三角瓶装 5 ~10 cm 米饭。然后在无菌操作台上接种,接种量2% ~10%,接种前用具消毒灭菌,在酒精灯火焰上方操作接种。充分翻拌混合均匀,操作要迅速,以减少杂菌污染。

(4)发酵培养:接好种的三角瓶在恒温恒湿生长培养箱中,30 ~35 ℃培养 5 ~8 天。

每天翻曲一次,观察到曲粒表面略有干皮、少数曲粒略有微红斑点等现象时即可"吃水",使曲粒吸收一定水分,以利菌丝逐渐向内生长。吃水方法:一边拌曲,一边向曲盘中喷洒无菌水,使曲粒表面润湿并微有发胀。培养 3 天后米粒逐渐成红色。观察记录色素产生的过程。培养 5 ~7 天后,固态发酵结束的红曲置于鼓风干燥箱内 50 ~60 ℃鼓风干燥。

(5)成品质量检查

1)外观检查:曲粒表层光滑紫红,曲粒中心呈玉色,不得有空心和红心。曲粒断面菌丝均匀,具有红曲特有的曲香,不得有酸气等不正常气味。

2)生物与理化项目检查:水分 12% 以下,淀粉含量 59% ~62%,避免其他霉菌污染。

### (三)红曲色素的提取(萃取法)

(1)取 200 g 固体发酵的红曲,在植物粉碎机中将其粉碎。红曲米粉碎前后对比图如图 4-2 所示。

(2)将红曲粉放于 500 mL 三角瓶中,加入提取液(丙酮:水 =80:20)200 ~300 mL。

(3)室温下摇动 10 ~15 min,过滤。

（4）在旋转蒸发仪中减压蒸去丙酮（尚有水分，60 ℃）。

（5）用 1 mol/L HCl 调残留液（约 100 mL）的 pH 至 3.0，加至分液漏斗中；加入 150 mL 的醋酸乙酯分次抽提。

图 4-2　红曲米粉碎前和粉碎后对比图

### （四）红曲色价测定

（1）称取红曲米样品 0.5 g，放入带有刻度的 10 mL 具塞试管中。

（2）加入 80% 的乙醇 8 mL，摇匀，60 ℃ 水浴保温萃取 0.5 h。

（3）取出冷却，用普通定性滤纸过滤入 10 mL 量筒中，用 80% 乙醇洗涤残渣 2 次，合并滤液，并用 80% 乙醇定容至 10 mL。

（4）以 80% 乙醇作对照，在 505 nm 波长下，用 1 cm 比色皿测定样品的吸光度。

（5）计算：红曲色价（以 1 g 样品计）$= A_{505\,nm} \times 10 \times 2$

## 五、实验结果

（1）计算红曲色价。

（2）对红曲成品进行质量检查。

（3）附一张红曲成品图于实验报告后面。

## 六、注意事项

（1）浸米时用醋酸调 pH 至 5.0～5.5，有利于发酵产品色价的提高。

（2）清洗米时要至无混浊。

（3）蒸饭时，要熟过心，但不能结团。

（4）接种时注意无菌操作。

（5）注意控制过程中的温度。

（6）无水 $Na_2SO_4$ 可回收，反复使用，不要扔掉。

（7）有机溶剂易燃，注意远离火源，原则上应在通风柜中进行。

## 七、思考题

（1）为什么要用无水 $Na_2SO_4$ 脱水？

（2）萃取后米粒中仍带有红色,是否会对结果产生影响?

# 实验十五　葡萄酒的发酵工艺

## 一、实验目的

1. 学习发酵工艺的流程与注意事项。
2. 掌握葡萄酒酿造工艺的流程。

## 二、实验原理

葡萄酒酒酿制是利用酵母菌将果汁中的糖分,经酒精发酵转变为酒精等产物,再经过陈酿、澄清过程中的酯化、氧化及沉淀等作用,使之成为溶液清晰、色泽美观、醇和芳香的果酒产品。若采取自然发酵的方法,不用人工接种酵母细胞,是利用果皮上固有的野生酵母菌而发酵。按照发酵容器密闭与否,可分为开放式发酵和密闭式发酵两种。前者存有诸多弊端,目前已基本淘汰;密闭式发酵有利于酿制色、香、味俱全的优质果酒。发酵温度:红葡萄酒的适宜发酵温度为 25~30 ℃,白葡萄酒的发酵温度为 18~20 ℃。

葡萄酒的发酵过程主要分为酒精发酵和苹果酸乳酸发酵两个部分。

酒精发酵是一种由酵母参与,将糖转化成酒精和二氧化碳的过程。这个过程的另一个副产物是热量和风味物质。如果外界温度低于 5 ℃,酒精发酵便无法开始。在合适的温度下,当所有的糖分消耗殆尽,或者酒精度过高(通常为 15 度)导致酵母死亡时,酒精发酵就会停止。如果糖分或酵母的养分已经耗尽,酒精发酵也会停止。如果温度达到 35~38 ℃,酿酒师可以通过多种方式停止酒精发酵,如添加二氧化硫杀死酵母;或添加一些酒精,使葡萄酒的酒精度提升到 15 度;或冷却葡萄酒后过滤掉酵母。如果酒精发酵初期的糖浓度很高,酒精发酵也会无法进行(如甜型葡萄酒的发酵)。

一般情况下,酒厂会先将葡萄破碎后,再加入酵母进行酒精发酵。其中最重要的酵母菌株是酿酒酵母,因为它可以忍受高含量的酒精度和二氧化硫,并且可以为葡萄酒增加香气。许多生产商会通过添加二氧化硫的方式来抑制外界酵母的数量,而使用人工培养的酵母菌株来代替。外界酵母虽然可以令葡萄酒的香气更为精致,但是这种酵母却很少受酿酒师的控制。最糟糕的是,一些不合适的酵母可能会产生一些不愉快的香气,最终导致酿好的葡萄酒无法进行销售。

通过使用筛选好的培养菌株,酿酒师可以更好地控制酒精发酵,他们可以根据需要的风味特征来选择酵母菌株。当外界酵母被二氧化硫控制后,酿酒师会添加一些筛选好的酵母菌株,它们可以快速地控制酒精发酵。一些酿酒师认为,只使用一种酵母会减少葡萄酒风味的复杂性。

温度控制对酿酒来说非常重要,因为发酵过程中会产生热量,过热的环境可能会导致酵母菌死亡。低温发酵可以避免一些精致香气的损失,促进白葡萄酒中水果风味的发展。较高的发酵温度常与"咸香"风味联系起来,且对颜色浸渍和单宁提取来说都非常重要。人们会通过监控发酵罐(发酵桶)的温度,来确保发酵在合适的温度下进行。精确的温度控制,对最终酿成葡萄酒的品质非常重要。

苹果酸-乳酸发酵:一旦酒精发酵结束,苹果酸-乳酸发酵就会开始。乳酸菌会将葡萄酒中的苹果酸转化为乳酸,并产生风味物质和二氧化碳。所有的红葡萄酒都会进行苹果酸-乳酸发酵,但是有一些白葡萄酒会避免这个过程。苹果酸-乳酸发酵可以柔化葡萄酒的尖酸味道,并降低酸含量,这个过程也是一些风味物质(如黄油、榛子)的来源。另一方面,一些纯净、新鲜的水果香味也会随之消失,白葡萄酒会变得丰富、圆润、柔顺,不过新鲜的味道会减弱。如果酒精发酵后不添加二氧化硫,或者适当升高温度,可以促进苹果酸-乳酸发酵的进行。反之,添加二氧化硫,过滤葡萄酒中的菌类,低温的环境也会阻止苹果酸-乳酸发酵的进行。

### 三、实验试剂、材料和仪器

1. 材料和试剂

(1)山葡萄 5 kg,蔗糖 1 kg,鸡蛋 1 个,阿拉伯树胶 400 ~ 500 mL。

(2)二氧化硫(含 6% 二氧化硫的亚硫酸 200 ~ 400 mg/L)(防腐、消毒、抑止杂菌繁殖)、0.1% 氢氧化钠。

(3)酿酒专用酵母:用途是保证发酵的正常、快速启动和糖分发酵的彻底,用量为 2 ~ 3 g/100 L。

2. 仪器

高压灭菌锅、超净工作台、一次性手套、蒸馏装置、酒精计、5 L 玻璃坛、pH 计、量筒(50 mL)、天平、锥形瓶(100 mL)、虹吸管(在酿酒过程中,用来倒桶虹吸酒液所用,一般胶管均可)、相对密度计、二次发酵容器(小口玻璃瓶)、玻璃棒、纱布、酸碱滴定装置。

### 四、实验内容

(1)选购原料:用做酿酒的葡萄必须充分成熟,剔除青果、病果及腐烂果,葡萄皮的颜色越深越好。葡萄洗净,晾去水分(葡萄不容易晾得很干,所以要用多个筐、盆之类,将葡萄平铺于上,使表面水分很快挥发)。

(2)清洗去梗:将葡萄去梗,揪下葡萄粒,稍微捏一下,使其皮出现破口,但不要让皮、肉分离(这样葡萄皮不会很快漂上来,里面的养分就可以尽量多的溶解在酒里)。一粒一粒扔进容器,注意不要弄伤葡萄,最好用剪刀,以免果肉染菌。然后用清水浸泡,去除葡萄表面的农药等有害物质。

(3)破碎:轻柔破碎,捏破即可。揪下葡萄粒,稍微捏一下,使其皮出现破口,但不要让皮、肉分离(这样葡萄皮不会很快漂上来,里面的养分就可以尽量多的溶解在酒里)。一粒一粒扔进容器,不要捣成糊状,避免压碎葡萄核。葡萄皮上那层白膜含有天然酵母菌,这是葡萄能自然发酵成葡萄酒的宝贝。需调果浆的糖度和酸度。

(4)入瓶(罐):盛葡萄器皿上方留有 20% 空余,以免发酵启动后膨胀溢出葡萄汁。发酵的量大时要在装罐的同时加入 0.006% 的二氧化硫(含 6% 二氧化硫的亚硫酸 100 ~ 200 mg/L)。

(5)加糖时间:葡萄入罐 2 ~ 3 天,见有明显气泡产生即发酵旺盛期时加糖。加糖量:17 g/L 的葡萄汁能产生 1 度的酒度,自然酿造最高能达到的酒度是 15 度。葡萄汁含糖量低——酒度低,难以保存;糖太高——糖发酵不完,产出甜葡萄酒。一般鲜食葡萄不加糖即可酿出酒精含量 7～10 度的葡萄酒。根据葡萄的甜度,每升葡萄汁液可加入 34 g 白糖,即增加 2 度酒精度;如果葡萄成熟度很差或者甜度不高可考虑加 68 g/L,即增加 4 度酒精度。

(6)发酵过程:葡萄装瓶后,尽早启动发酵,有利于阻止有害菌的繁殖,所以装瓶后要控制好温度,避免温度过低情况。有气泡上冒、葡萄皮浮起是发酵开始的表现。每天搅拌 1～3 次将使葡萄皮尽量多与汁液接触,以浸泡出果皮上的色素、单宁等物质。正常发酵期约 1 个礼拜,期间不要密封,保持少量通气,以没有明显气泡产生即为发酵结束,此时葡萄已顺利变成了葡萄酒,即酒精发酵完成。温度为 25～30 ℃。

(7)在发酵过程中,酵母菌不断地将糖转化为酒精和二氧化碳,糖的含量逐渐下降,因为酒精的密度小于水的密度,相对密度计读数也随之降低。因此,酒液中酒精含量多少,可以直接用初始和最终相对密度计读数计算出来。计算公式如下:

$$酒精含量 = 1\,000 \times (初始读数 - 最终读数) \times 7.36 \times 100\%$$

(8)过滤皮渣:当酒精发酵完成后,将葡萄皮、籽、糟等用豆浆机的过滤网或细纱布过滤,把葡萄皮、籽、糟扔掉,或者用洁净的布袋或纱布,进行挤压或扭压,红葡萄酒液即流出来,或者用虹吸管将酒液吸出,称为元酒。

虹吸法倒瓶(罐)去渣:将直径 1 cm 左右的塑料软管插到果汁层,垫高发酵罐,用自然虹吸的方法使发酵好的果汁过滤转移到干净容器中,果渣压滤(可用丝袜或滤布过滤)后可并入清液(最好单独进行后发酵),补加二氧化硫到 150～200 mg/L(如买不到小包装的亚硫酸;也可按 2.5 L 发酵果汁加入 1 片维生素 C)。后发酵装液量为 90%,后发酵期的品温控制在 18～20 ℃,最高不能超过 25 ℃。当比重下降到 0.993 左右时,后发酵 7～10 天结束,澄清、过滤或倒瓶(罐)封存。

(9)二次发酵:将上述酒液放到广口瓶中继续发酵,不可密封,以免二次发酵的 $CO_2$ 将容器挤爆。第二次发酵时间大约为一个星期,此时酒液已经澄清,也不再升起气泡。这时可对瓶内酒液进行一次过滤、澄清,使葡萄酒的柔和、降酸、清澈。方法同上。温度:15～20 ℃。

(10)苹果酸-乳酸的发酵:不是必须。此工序对温度、酒的 pH 值等要求较高,只有在条件适宜(酸度、温度、酒度)的情况下,才能正常启动,不能启动苹果酸-乳酸发酵的,可直接满瓶封存。苹果酸-乳酸发酵应尽量隔氧(只出气不进气)。

(11)过滤澄清

1)自然澄清:通过一次次的虹吸倒灌将酒脚(酒泥)分离掉(自酿少量用)。

2)人工澄清

①后发酵完成用鸡蛋清澄清:鸡蛋磕个小洞将蛋清倒入大碗(10 kg 酒用 1 个)打 15 min 形成大量泡沫,用酒液冲入容器中搅拌均匀,静置 15 天后再次虹吸法装瓶或倒瓶(罐),去掉瓶底酒石酸结晶等杂物沉淀,此时的酒已经清澈,装满瓶(罐)进行陈酿。

②下明胶:温度最好在 20 ℃左右,量应通过小型试验来确定,一般 20～100 mg/L,把需要的下胶量称好,提前一天用温水浸泡,充分搅拌均匀。

③过滤:用硅藻土过滤机、板框过滤机或模式过滤机过滤。

(12)葡萄酒的存放:应避光、低温、隔氧(满瓶)储存。新酒冬季零度以下存放一段时间有利于酒石酸结晶的生成(降酸)。

（13）葡萄酒酿造过程中的不良情况及控制方法

1）酒花病：这是一种好气性（需氧菌）微生物引起的，在酒精度低、空气充足、24～26 ℃条件下，这种微生物繁殖很快。果酒如暴露在空气中则易遭受污染，先在表面生成灰白色小点，随后逐渐扩成薄膜，进而增厚、变硬、起皱，振动后破碎下沉，使酒液混浊，酒味变质。预防办法：经常添酒，容器上层不留空隙，加盖密封；在酒液面上加一层液状石蜡，隔绝空气；或充入二氧化碳或二氧化硫气体；或在酒面上维持一层高浓度酒精亦可。若已发生酒花病，则用漏斗或虹吸管插入酒液中，加注同类酒，使酒花溢出。严重者需过滤除酒花后，加热65～70 ℃杀菌10 min，或者使用消毒灭菌机冲氧气25 min，即可达到消毒灭菌的目的。

2）酸败病：当果酒被好气性醋酸菌感染后，在酒面上生成一层浅灰色的薄膜，逐渐变暗，起皱，使酒精氧化成醋。预防办法：同"酒花病"。

3）异味

①霉味：对生过霉的容器没有严格消毒或者没有剔除霉烂原料，会使果酒产生霉味。预防办法：可以用活性炭处理后过滤，能减轻霉味。

②硫化氢味（臭鸡蛋味）或硫酸味（大蒜味）：这种异味是酒中有游离硫存在，在发酵期被酵母还原而成的，或因蛋白质腐败分解而生成的。预防办法：熏硫时应防止硫黄落入果汁。用过氧化氢可以除去乙硫醇。

③苦味：由种子或果梗中的糖苷带入而产生苦味。预防办法：可以加糖苷酶分解，或提高酸分使其结晶过滤。由苦味病菌而产生苦味。预防办法：可加胶处理，或用新鲜的酒脚按酒量的3%～5%加入，摇匀，沉淀分离，也可以除去苦味。

④其他异味：如木臭味、水泥味等，可能是原料、包装、桶体等原因引起的。预防办法：可以用精制的棉籽油、橄榄油或液状石蜡等与果酒混合吸附，然后去掉浮在酒面上的油。

4）变色：一种是由于果酒中的铁含量过高，能与单宁、磷酸盐等生成有色物质而使酒液变色。预防办法：酿制过程中，不能使用铁器或铜器、铝器；如已发生，可以加胶处理。另一种是由于空气与果酒接触而导致发生酶褐变。预防办法：一般可采用二氧化硫、单宁或维生素 C 等抗氧化剂，以抑制酶的活性。

5）浑浊、沉淀：主要由于果酒中酒石酸含量过高，遇钾离子、钙离子生成沉淀。预防办法：可采用低温处理后过滤，或用离子交换树脂除去。

（14）葡萄酒的最后测定指标

1）颜色：紫红色，透明无杂质。

2）味：清香醇厚，酸甜适口。

3）比重：1.035～1.055。

4）酒精：11.5～12.5（15 ℃）。

5）总酸：0.45～0.6 g/100 mL。

6）总糖：14.5～15.5 g/100 mL。

7）挥发酸：0.05 g/100 mL 以下。

8）单宁：0.45～0.06 g/100 mL。

### 五、实验结果

(1)各项指标的测定:酒精度(发酵经蒸馏后,用酒精密度计测)、总糖(用手持式糖度仪测)、总酸(用酸碱滴定法测)、挥发酸、单宁、葡萄酒总产量等。

(2)通过感官评定对所酿制的葡萄酒进行评分。

### 六、注意事项

(1)制酒的葡萄,最好是选择颜色乌黑的,这样酿出来的酒颜色才够红润。

(2)各类容器一定要洗干净,葡萄在酿制过程中不能碰到油污、铁器、铜器、锡器等,但可以接触干净的不锈钢制品。

(3)糖不要多放,那样会影响发酵过程,产生不希望的成分,如果想喝甜葡萄酒,可以在发酵完成后饮用时加糖。

(4)酒坛子可以是陶瓷瓶子,也可以是玻璃瓶,但不要用塑料容器,因为塑料很可能会与酒精发生化学反应,产生一些有毒物质,危害人体健康。

(5)酿酒的过程中,会出现白色的泡沫,这是正常现象。

(6)装瓶时一定要留有空间,因为发酵会让葡萄膨胀。在发酵时,发酵器的盖子一定不要盖死,防止爆炸。

(7)注意二次发酵器留有 1/10 空隙,放在阴凉处。

### 七、思考题

(1)葡萄酒发酵过程中如果出现起酵慢或者发酵过程迟缓或者中止,为什么会出现这种现象?

(2)葡萄酒发酵的原理是什么?

# 实验十六 小曲酒的发酵工艺

### 一、实验目的

1. 掌握小曲酒发酵的原理。

2. 掌握小曲酒制作的工艺流程,所采用发酵方法为先培菌糖化后投水发酵法。

### 二、实验原理

小曲酒又称酒药,是一种用高粱制成的药酒,有无药小曲和药曲之分。小曲的品种很多,所用药材亦彼此各异。但其中所含微生物以根霉、毛霉为主。

小曲中的微生物是经过自然选育培养的,并经过曲母接种,使有益微生物大量繁殖,所以不仅含有糖化菌类,同时含有酵母菌类。在小曲酒生产上,小曲兼具糖化及发酵的作用。我国南方气候温暖,适宜于采用小曲酒法生产。

小曲酒生产可分为固态发酵和半固态发酵两种。四川、湖北、云南、贵州等省大部分采用固态发酵,在箱内糖化后配醅发酵,蒸馏方式如大曲酒,也采用甑桶。用高粱、玉米、稻谷为原料,它的出酒率较高,但对含有单宁的野生植物适应性较差。广东、广西、福建等省采用半固态发酵,即固态培菌糖化后再进行液态发酵和蒸馏。所用原料以大米为主,制成的酒具独特的米香。桂林三花酒是这一类型的代表。此外,尚有大小曲混用的生产方式,如董酒、酒鬼酒,但不普遍。

发酵前期是固态培菌,有利于根霉的生长和淀粉酶的形成,培菌糖化 24 h,使淀粉浓度降低,有利于酶促反应;后期为半固态发酵,时间约为 7 天,再蒸馏得成品。

### 三、实验试剂、材料和仪器

**1. 原料与辅料**

玉米,小曲,酿酒酵母,糠壳,葡萄糖,淀粉,琼脂,马铃薯,氯化钠,蒸馏水,酚酞指示剂,20% HCl,NaOH 溶液。

**2. 仪器设备**

缸,烧杯,玻璃棒,试剂瓶,移液管,漏斗,三角瓶,洗耳球,铁架台,电炉,移液管,棉花,量筒,pH 试纸,滤纸,回流冷凝器,显微镜,盖玻片,载玻片,电子天平,电热恒温培养箱,培养皿,纱布,血球计数板,酸碱滴定管,酒精灯,容量瓶,标签纸,蒸酒器。

### 四、实验内容

**(一)工艺流程**

玉米→浸泡→初蒸→焖粮→复蒸→摊凉→加曲→入箱培菌→醅糟→发酵→蒸馏→成品

**(二)实验过程**

**1. 泡粮**

玉米在池中用 90 ℃ 以上热水浸泡 7~8 h,泡好后即放水。泡粮要求水温上下一致,吸水均匀,热水淹过粮面 30~35 cm。放水后让粮滴干,次日再以冷水浸透,除去酸水,滴干初蒸。

**2. 初蒸**

又称干蒸,玉米浸后,玉米放入甑内铺好扒平,大汽蒸料 2~2.5 h,干蒸时先以大汽干蒸,使玉米柔熟、不粘手。如汽小,外皮含水过重,以致焖水发生淀粉流失。装甑时应轻倒匀撒。以利上汽均匀。干蒸是促使玉米颗粒及淀粉受热膨胀,增强吸水性,缩短煮粮时间和减少淀粉流失。干蒸好的玉米,外皮有 0.5 mm 左右的裂口。

**3. 煮粮**

焖水-干蒸后加入 40~60 ℃ 的蒸馏冷却水,水面淹过粮面 35~50 cm,先用小汽将水煮至微沸,待玉米有 95% 以上的裂口,手捏内层已全部透心为止,即可放出热水,作为下次泡粮用。待其滴干后,将甑内玉米扒平,装入 2~3 cm 谷壳,以防蒸汽冷凝水回滴在粮面上,引起大开花,同时除去谷壳的邪杂味,有利于提高酒质。煮焖粮时,要适当进行搅拌,焖粮时要严禁大火,防止淀粉流失。要求玉米透心不粘手,冷天稍软,热天稍硬。

**4. 复蒸**

煮焖好的玉米,停数小时,再围边上盖,小汽小火,达到圆汽,再大火大汽蒸煮,快出甄时,用大火大汽蒸排水。共蒸料 3 ~ 4 h,蒸好的玉米,手捏柔熟、成沙、不粘手,水汽干为好。蒸料时要防止小火小汽长蒸,这样会使玉米外皮含水过重,影响培菌糖化。

5.培菌糖化

将热糟扒平吹冷,撒上 2 ~ 3 cm 的谷壳,再将熟粮倒入,扒平吹冷,分两次下曲,第一次下曲温度 38 ~ 40 ℃,第二次下曲温度 34 ~ 35 ℃,用曲量为 0.35% ~ 0.4%,拌匀后与恒温培养箱中 30 ℃糖化 24 h。

糖度测定:准确称取 10 g 经糖化后的玉米于烧杯中,加入 100 mL 煮沸冷却的蒸馏水,不时搅拌,于室温浸泡 15 min,用脱脂棉过滤至 100 mL 量筒中,用糖度计测量糖浓度,换算为 20 ℃时的糖浓度。

6. 发酵

发酵熟粮经培菌糖化后,可吹冷配糟,入罐发酵。预先在罐底铺一定厚度的底糟,再将醅子倒入罐内,拍紧,盖上糟,再以塑料薄膜封罐,于室温下发酵 7 天左右,发酵温度最高为 38 ℃,即可蒸酒。传统工艺的发酵期为 21 天,为增进成品酒的芳香醇和感,可延长到 28 天。整个发酵过程分前期、中期和后期 3 个阶段。

(1)发酵温度及管理

1)温度变化及异常发酵的处理:对酒醅的发酵温度,应掌握所谓“前缓升、中挺足、后缓落”的规律,即前期温度缓慢上升,中期保持相当天数的较高品温,后期品温则渐渐下降。

①发酵前期:第 1 ~ 7 天,品温平稳地升至 28 ℃左右。若入缸时品温高、曲子粉碎过细、用曲量过大或不注意卫生,则品温会很快上升至 30 ℃左右,称为前火猛或早上火,会导致酵母过早衰老而发酵过早停止,产酒少,酒性烈。对这种情况,应压紧酒醅,严封缸口,以减缓发酵速度,并在下次操作中调整工艺条件。

②发酵中期:即主发酵阶段,共 10 天左右,温度控制在 27 ~ 30 ℃。通常最高品温为 29 ~ 39 ℃,有时最高达 35 ℃。这阶段的品温升至最高点后,又慢慢下降 2 ~ 3 ℃。若发酵品温过早过快下降,则发酵不完全,出酒率低且酒质较差。有时品温稍降后又回升,形成“反火”,这是由于好气性细菌作用所致,应封严缸口予以挽救。

③发酵后期:工人称此为副发酵期,为 11 ~ 12 天。由于霉菌逐渐减少,酵母菌渐渐死亡,发酵几乎停止,因此,最后品温降至 24 ℃后基本上不再变化。若该阶段品温下降过快,酵母发酵过早停止,则不利于酯化反应;若品温不下降,说明细菌等仍在繁殖和生酸,并产生其他有害物质。另外,在出缸时品温偏高,也会增加酒精挥发量。造成上述现象的原因是封缸不严和忽视卫生工作。尤其在夏天,发酸现象更易发生,其补救措施是严封缸口,压紧酒醅。

2)温度管理措施

①测温:第 1 ~ 12 天,每隔 1 天检查 1 次品温。根据这段时间的测温结果,基本上可判断发酵的正常与否。

②保温:在夏季,对未入新料的空缸,在其周围地面上扎眼灌入凉水,而冬天则在投料后的缸盖上铺 25 ~ 27 cm 厚的麦秸保温。

(2)发酵过程的成分变化

1)水分:由于发酵过程中淀粉和蛋白质等被微生物分解成各种产物,所以酒醅的水分相对平稳地上升,由初期的 52% 最高可增至 70% 左右。

2)淀粉:发酵初期,由于酒醅中酒精含量尚较低,霉菌的淀粉酶类的作用发挥较好,因此第 3~7 天内酒醅的淀粉含量下降最快,以后就平稳地减少。

3)糖分:由于汾酒醅进行平行复式发酵,因此糖分的变化规律受糖化和发酵速度的双重制约,尤其在头 4 天内,主要是微生物繁殖而消耗部分糖,这是以糖化作用为主的初始发酵阶段。

4)酸度:酸度在发酵前期增长速度较快,发酵中期则由于酵母菌的旺盛发酵而抑制了产酸菌的作用,因而酸度上升较慢。而至发酵后期,酸度增长速度又稍快起来,这与发酵作用的基本停滞有关。

5)酒精含量:在入缸后的 2~10 天,酒精含量迅速增加。在发酵期酒精含量最高可达 12% 以上。发酵后期基本上不生成酒精,而由于酯化作用等消耗部分酒精,但出缸时酒醅的酒精含量很少比发酵中期的最高酒精含量低过 1% 的。

6)酒醅的感官检查

①色泽:成熟的酒醅不应发暗,应呈紫红色,用手挤出的汁呈肉红色。

②香气:未启缸盖,能闻到类似苹果的香气,表明发酵良好。

③尝味:入缸后 3~4 天的酒醅有甜味,但若 7 天后仍有甜味,说明品温偏低,入缸前的操作有问题。酒醅应逐渐由甜变成微苦,最后变成苦涩味。

④手感:用手握酒醅有不硬、不黏的疏松感。

7. 出缸,蒸馏

(1)出缸拌糠:将成熟醅取出,拌入原料量 22.5% 的小米糠,或拌入稻壳:小米为 3:1 的混合辅料。若加糠量过大,成品酒呈糠味;而用糠量过小,装甑时易压气,蒸酒时酒尾长。

(2)装甑、蒸馏

1)操作过程:蒸馏的甑与蒸粮相同。装甑时要做到"轻、松、薄、匀、缓",材料要"二干一湿",蒸汽要"二小一大",并以缓汽蒸酒、大汽追尾为原则。

先将锅底水烧开,再在甑底铺上帘子,并撒上一薄层糠。接着装入 3~6 cm 加糠量较多而较干的酒醅,把上次的酒尾从甑边倒回锅中,这时蒸汽要小些。在打底的基础上,再装入加辅料较少而较湿的酒醅,这时蒸汽可大些。装至最上层时,材料要干些,蒸汽也要小些。装满 1 甑需 50~60 min。装完甑后,盖上盖盘,接上含锡量为 96%~99% 的纯锡(或食品级不锈钢)冷凝器,进行缓汽蒸馏,流酒速度控制为 3~4 kg/min,流酒温度最好控制在 25~30 ℃。最后用大汽蒸出酒尾,直至蒸尽酒精。流酒结束后,去盖、敞口排酸 10 min。

2)三段取酒

①酒头:每甑截取酒精含量为 75% 以上的酒头 1~2.5 kg,视成品酒的质量而定。截头过多,会使成品酒中芳香物质不足而酒味平淡;但若截头过少则又会使醛类物质过多地混入成品酒中,而使酒味暴辣。酒头可用于回缸发酵。

②中段酒:称为头植酒,即原酒部分,其酯含量高达 0.549 g/100 mL,总酸为 0.041 3 g/100 mL。

③尾酒:酒尾中含有大量乳酸乙酯等香气成分,以及有机酸等呈味物质,所以酒尾不

宜摘得过早。汾酒的质量与酒尾适当地截得高一些是分不开的。因此,酒尾的起点酒精含量至少不能低于30%。

酒尾的量可摘得多一些,其中酒精含量较高的部分在下甑蒸酒时回锅再蒸,酒精含量很低的那部分可代替水用于润料。

8. 酒精度测定

用精密酒精计读取酒精体积分数值,按酒精计温度、酒精度换算表进行温度校正,求得在20 ℃时乙醇含量的体积分数,即酒精度。将上述蒸出液静置数分钟,待酒中气泡消失后,放入洁净、擦干净的酒精计,再轻轻按一下,不应接触量筒壁。同时插入温度计,平均约5 min,水平观测。读取与弯月面相切处的刻度示值,同时记录温度。根据测得的酒精计示值和温度,查表,换算成20 ℃时样品的酒精度,所得结果应表示至一位小数。

9. 酸度的测量

称取试样10 g(准确到0.1 g)于250 mL 烧杯中,加入100 mL 煮沸冷却的蒸馏水,不时搅拌,于室温浸泡15 min,用脱脂棉过滤后备用。吸取滤液10 mL 于150 mL 三角瓶中,加入20 mL 煮沸冷却的蒸馏水和2滴酚酞指示剂,用0.1 mol/L NaOH 滴定至微红色10 s 不褪。

酸度公式计算:
$$酸度 = C \times V \times (100/10 \times 100/10)$$
式中　$C$——NaOH 的浓度,mol/L;

　　　$V$——NaOH 的滴定体积,mL;

　　　$100/10 \times 100/10$——试样稀释倍数,并换算到100 g 酒醅的酸度。

10. 淀粉含量测定

(1)水解液制备:准确称取入瓶糟醅5 g(出瓶糟醅需10 g)(准确到0.1 g)于250 mL 三角瓶中,加入1∶4盐酸100 mL,安装回流冷凝器,或1 m 长玻璃管,微沸水解30 min,冷却后用20% NaOH 中和(200 g NaOH 溶于1 L 水中)至pH 5~7,约耗碱11 mL,用pH 试纸试验检查(注意切勿过碱或局部混合不匀过碱,以免糖受到破坏而结果偏低)。经滤纸过滤,滤液接收在500 mL 容量瓶中,洗净残渣,定容至刻度备用。

(2)试样测定

1)预试:为正确掌握预加标准糖液体积,应先做预试。准确吸取斐林甲、乙液各5 mL,于250 mL 三角瓶中,加入水解液10 mL,水10 mL,用0.2%标准糖液滴定到次甲基蓝终点,消耗体积为$V_1$。

2)正式滴定:准确吸取斐林甲、乙液各5 mL,于250 mL 三角瓶中,加入水解液10 mL,加一定量水,使总体积与斐林液标定时滴定总体积基本一致[加水量=10+($V_0-V_1$)]。从滴定管中加入($V_1-1$) mL 标准糖液,煮沸2 min,加2滴次甲基蓝,继续用标准糖液在1 min内滴定到终点。消耗标准糖液体积为$V$。淀粉含量公式计算:
$$淀粉(\%) = [(V_0-V) \times c]/(m \times 10/500) \times 0.9 \times 100$$
式中:$V_0$——标定斐林溶液消耗的标准糖液的体积,mL;

　　　$V$——试样滴定时消耗的标准糖液的体积,mL;

　　　$c$——标准糖液浓度,g/mL;

　　　$10/500$——样品分取倍数;

0.9——还原糖换算成淀粉的系数；

$m$——试样质量,g。

11. 计算

葡萄糖发酵生成乙醇的反应式为：

$$C_6H_{12}O_6 \longrightarrow 2C_2H_5OH+2CO_2$$

糖利用率=实际所得酒精量/理论上应得酒精量×100%

淀粉利用率=发酵生产出的酒精总量/理论上应得酒精量×100%

淀粉出酒率=发酵生产出的酒精总量/商品淀粉中的纯淀粉含量×100%

小曲酒质量规格:要求制作的甜酒入口清甜,无酸、腐等异常气味。酒糟色泽均匀一致,无杂菌污染。

## 五、实验结果

(1)观察小曲酒色泽、形态,并品尝,拍摄成品照片,写出品评结果。

(2)测定小曲酒的糖度、酸度、酒精度等。

## 六、注意事项

(1)泡粮水温要严格控制,泡粮桶温度不一致时,要进行多次搅拌,使水温全部均匀。

(2)下班前检查蒸汽阀门是否关紧,粮面是否水平。

(3)浸泡时间 16~18 h 后放水,在放水过程中应清理泡粮桶内残粮。

(4)冬季泡粮水温要适当偏高,在放泡粮水时要一次性放足,避免水放少了在粮食进入泡粮桶内后又要加冷水导致泡粮水温偏低且不均匀。

(5)为了做好熟粮质量这一基础工作,要记住"一火二水,三时间,掌握闷水最关键,火大均匀蒸到底,柔熟皮薄又收汗"。

(6)水分,粮食吸水主要在闷水阶段,在泡粮阶段,粮食只有水化作用和淀粉粒的吸水作用,所以粮食的吸水量有一定的限度。

(7)蒸粮时间(包括上汽、初蒸、复蒸等与蒸汽压力、水分),同样是完成熟粮质量的三个要素之一。

(8)酒曲质量要好,用曲量要适当(0.7%~1.0%)。

(9)创造适宜的培菌条件,包括水分、湿度、温度、酸度、空气原料等控制条件适当。

(10)做到全箱均匀,老嫩适当。

(11)认真做好清洁卫生工作,严格控制杂菌繁殖。

(12)入箱控温时,粮食品温必须均匀一致,各处粮食品温相差不得超过 2 ℃,15 t 粮食熟粮厚度 55~57 cm,入箱温度 19~20 ℃。

(13)要提高蒸馏效率,就要上甑轻松均匀,还要发酵糟质量好。

(14)大汽追尾,既有利于生产,还可以减少配糟酸度。

(15)去头去尾,主要是除去酒体中对人体有害的杂质。

(16)上甑技术要求轻倒匀铺,探汽压汽;上甑不好,影响出酒率和酒质。

(17)酿酒要做到严、勤、细、准、适、匀、洁、定、真、专十个字。

(18)夏季更应注意清洁生产,卫生指标将直接影响酒质的好坏。

（19）大颗粒的玉米泡粮时水温要相对高些,初蒸和续蒸也要适当延长。

（20）应严格控制配糟的质量,其直接决定酒质及酒率的好坏,根据配糟的质量适当调整配糟的用量。

（21）酿酒要有责任心,多向其他酒率好酒质好的班组虚心学习,在生产中要严格注意做匀、细。

## 七、思考题

（1）进行甜酒酿造,是否可以继续用来进行酒精发酵,酿造小曲酒?

（2）小曲酒发酵的原理是什么?

（3）实验过程中你学到了哪些知识和实验技能?

# 实验十七　柠檬酸产生菌的分离及柠檬酸的固体发酵

## 一、实验目的

1. 学习从环境中选出能产柠檬酸的霉菌,了解从环境中获得目的菌种的一般方法。
2. 掌握柠檬酸的发酵、提取、检测方法。

## 二、实验原理

柠檬酸发酵是利用微生物在一定条件下的生命代谢活动而获得产品的。不论采用何种菌株,柠檬酸发酵都是典型的好氧发酵。工业上的好氧发酵发基本上有三种,即表面发酵、固体发酵和深层发酵。前两种方法利用空气气相中的氧气,后者则是利用液体中的溶解氧。至今在柠檬酸发酵工业中,上述三种发酵工艺均并存。虽然液体深层发酵法已大量代替了固体发酵法,但处于一些废渣的利用及投资较少的缘故,在一些地方,浅层固体法生产柠檬酸仍在使用中。适合于固体发酵法生产柠檬酸的原料诸如甘薯渣、木薯渣、苹果渣和甘蔗渣等。

柠檬酸的固体发酵工艺分为浅层法和厚层法,均是将发酵原料、辅料及菌体放在疏松的固体支持物上,经过微生物的代谢活动,将原料中的可发酵成分转化为柠檬酸的过程。

葡萄糖首先通过糖酵解（EMP）/磷酸戊糖途径（HMP）得到磷酸烯醇式丙酮酸和丙酮酸,然后经过一个不完整的三羧酸循环达到柠檬酸的积累。

糖酵解是生物体进行单糖的分解和利用的主要途径之一,糖酵解总共包括 10 个连续步骤,均由对应的酶催化。不仅是黑曲霉,许多生命体都存在这种获取能量的方式。

黑曲霉发酵糖类生成柠檬酸的能力很强,其主要特征是耐酸性极强,在 pH 为 1.6 的情况下,仍能良好生长。利用这一特点,采用 pH 为 1.6 的酸性营养滤纸即可分离该菌种;发酵产物中柠檬酸为多盐有机酸,能与 $CaCO_3$ 形成沉淀,利用钙盐法即可检测。黑曲霉发酵柠檬过程中,在发酵初期,发酵液中葡萄糖含量较高,而高浓度的葡萄糖正是黑曲霉 $\alpha$-酮戊二酸脱氢酶合成的抑制物,这样一来三羧酸循环（TCA 循环）就中断了,酸度得到积累（注意此时积累的是酸度而不是柠檬酸）,但是当酸度积累到 pH<2.0 时,催化柠

檬酸→顺乌头酸⇌异柠檬酸正逆反应的顺乌头酸水合酶,不表现出活力,这样 TCA 循环在合成柠檬酸之后就不会向后继续反应,从而达到柠檬酸的积累。

### 三、实验试剂、材料和仪器

1. 样品

霉烂的橘皮。

2. 菌种

黑曲霉(Aspergillus. niger)IFFI2315。

3. 培养基和试剂

(1)酸性蔗糖培养基:蔗糖 15%,$NH_4NO_3$ 0.2%,$KH_2PO_4$ 0.1%,$MgSO_4 \cdot 7H_2O$ 0.25%,用盐酸调 pH≤2.0,121 ℃灭菌 20 min。

(2)固体发酵培养基:米糠:麸皮 = 2:1,65% 水分(45 mL:50 g),121 ℃灭菌 30 min。

(3)0.1 mol/L NaOH 溶液,1 mol/L 盐酸。

(4)0.5% 酚酞指示剂:0.5 g 酚酞溶于 100 mL 95% 乙醇中。

4. 仪器

白瓷托盘,保鲜膜,切刀,菜板,培养皿(带滤纸),250 mL 三角瓶,摇床,恒温培养箱,灭菌锅,酸碱滴定管,纱布,牛皮纸。

### 四、实验内容

**(一)深层液体发酵**

(1)菌种分离:取霉烂橘皮(0.04 cm²)放入 10 mL 三角瓶中,振荡 3~5 min,然后用水稀释 5~10 倍。

(2)菌种纯化:取稀释液 0.5~1 mL 放入酸性培养基上(稀释液:培养基 = 1:10),摇匀,倾倒在平皿中的滤纸上,25 ℃培养 2~3 天即有菌落产生。

(3)发酵:将培养出的霉菌接种入液体酸性蔗糖发酵培养基中(25 mL/250 mL 三角瓶),30 ℃,摇床培养 2~3 天,过滤收集发酵液。

**(二)浅层固体发酵**

(1)培养基制备:将米糠:麸皮按照 2:1 的比例配料,加 65% 的水分,拌匀后按 15 g/250 mL 分装到三角瓶中,用纱布牛皮纸封扎瓶口,于 121 ℃,灭菌 30 min。

(2)接种:将培养基趁热打散,待降温到 37 ℃,即可将黑曲霉孢子接种到其中,振荡混匀。

(3)发酵:培养温度 30~32 ℃,经 24 h 培养后摇瓶一次,测 pH,将三角瓶放平后继续培养 24 h 左右使培养基结成块状。此时应扣瓶使之充分通气并散热,测 pH;再培养 72 h 使瓶内长满丰盛的孢子即可出料,测 pH。

(4)产物检测

1)柠檬酸鉴定:取 5 mL 发酵液于试管中,滴入饱和 $CaCO_3$ 溶液,有白色沉淀则证明产生柠檬酸。

2）产酸量测定：取 10 mL 发酵液（10 g 醅样,加蒸馏水 100 mL 浸泡 15 min 后过滤得滤液）,滴加 0.5% 酚酞指示剂 2 滴,用 0.1 mol/L 标准 NaOH 溶液滴定至淡粉红色,计算产酸量（标准滴定法）。

## 五、实验结果

（1）将发酵全过程测定酸度的 pH 值绘制成曲线图。
（2）计算出实际实验发酵液的产酸量。

## 六、思考题

柠檬酸固体发酵过程中应注意哪些操作要点?

# 实验十八　啤酒的发酵工艺

## 一、实验目的

1. 学习酵母菌种的扩大培养方法,为啤酒发酵准备菌种。
2. 熟悉啤酒酿造工艺流程,对发酵罐进行消毒,为发酵做好准备。
3. 学习啤酒主发酵的过程。
4. 掌握酵母发酵规律。
5. 了解啤酒后发酵的工艺操作特点。

## 二、实验原理

### （一）啤酒酵母的扩大培养

现代发酵工业的生产规模越来越大,每只发酵罐的容积有几十甚至几百立方米。因此要在短时间内完成发酵,必须要有数量巨大的微生物细胞才行。种子扩大培养的任务就是要获得数量足够的健壮的微生物。

另外,微生物的最适生长温度与发酵最适的温度往往不同,为了保证菌种的活力,尽量缩短菌种的适应时间（延迟期）,在种子扩大培养过程中要逐渐从最适生长温度过渡到最适发酵温度。

在啤酒发酵中,接种量一般控制在麦汁量的 10% 左右（使发酵液中的酵母量达 $1\times10^7$ 个/mL）。酵母的最适生长温度为 30 ℃,而最适发酵温度在 10 ℃左右,因此扩大培养过程中温度应逐渐降低。

### （二）麦汁的制备

麦汁制备包括原料糖化、麦醪过滤和麦汁煮沸等几个步骤。糖化一般分阶段进行,先将糖化醪调至 35 ℃,使麦芽中的酶最大限度地溶出。在麦芽酶类中,α-淀粉酶和 β-淀粉酶是两种关键的酶,它们的最适 pH 均在 5.6 左右。α-淀粉酶最适作用温度 70 ℃左右,50 ℃以下活性很弱,至 80 ℃时失活,其作用方式为不规则地切断淀粉的 α-1,4-糖苷键,产物大部分为糊精,也生成少量麦芽糖、异麦芽糖及葡萄糖。β-淀粉酶的最适作用温度为 60~65 ℃,能从淀粉及糊精的非还原末端依次切下麦芽糖,同时发生瓦尔登转位反应,即构型翻转,由 α 构型转变为 β 构型。

糖化结束后,意味着麦汁已经形成。为了获得清亮的麦汁和较高的麦汁收得率,应采用过滤方法尽快将麦汁与麦糟分离。该工序阶段分为过滤和洗糟两个操作单元。过滤是麦汁通过过滤介质(麦糟层)和支撑材料(滤布或筛板)而得到澄清液体的过程,滤液称为头道麦汁或过滤麦汁。洗糟是利用热水,约 78 ℃,称洗糟水,洗出残留于麦糟中的浸出物的过程,洗出的麦汁称为二道麦汁或洗涤麦汁。过滤的好坏对麦汁的产量和质量有重要影响,因此要求过滤速度正常,洗糟后残糟含糖量适当,麦汁吸氧量低,色香味正常。

过滤后的麦汁需进行煮沸并添加酒花。其目的是:蒸发多余水分,使麦汁浓缩到规定浓度;使酒花有效成分溶入麦汁中,赋予麦汁独特的香气和爽口的苦味,提高麦汁的生物和非生物稳定性;使麦汁中可凝固性蛋白质凝固析出,以提高啤酒的非生物稳定性;使酶失活,对麦汁进行灭菌,以获得定型的麦汁。麦汁煮沸要求适当的煮沸强度,分批添加酒花,在预定时间内,使麦汁达到规定浓度,并保持明显酒花香味和柔和的酒花苦味,以保证成品啤酒有光泽、风味好、稳定性高。

### (三)啤酒主发酵

啤酒主发酵是静置培养的典型代表,是将酵母接种至盛有麦汁的容器中,在一定温度下培养的过程。由于酵母是一种兼性厌氧微生物,先利用麦汁中的溶解氧进行繁殖,然后进行厌氧发酵生成酒精。这种有酒精产生的静置培养比较容易进行,因为产生的酒精有抑制杂菌生长的能力,容许一定程度的粗放操作。由于培养基中糖的消耗,$CO_2$ 与酒精的产生,相对密度不断下降,发酵进程可用糖度表来监视。若需分析其他指标,应从取样口取样测定。

麦汁中可发酵糖的组成,可因使用原料和糖化方法的不同而异,一般说来,全麦芽制成的麦汁中麦芽糖占 4%~6%,麦芽三糖占 1.1%~1.8%,葡萄糖占 0.5%~1.0%,果糖占 0.1%~0.5%,蔗糖占 0.1%~0.5%,这些可发酵性糖被酵母利用的次序一般为葡萄糖>果糖>蔗糖>麦芽糖>麦芽三糖。在啤酒发酵过程中,可发酵性糖约有 96% 发酵为乙醇和 $CO_2$,2.0%~2.5% 转化为其他发酵产物,1.5%~2.0% 合成细胞物质。麦汁中麦芽四糖以上的寡糖、异麦芽糖、戊糖等不能被酵母利用,称为非发酵性糖。

啤酒主发酵是利用酵母将麦汁发酵生成嫩啤酒的过程。常采用低温发酵工艺,在清洁卫生的条件下进行。主发酵过程分为酵母增殖期、起泡期、高泡期、落泡期及泡盖形成期等五个时期,各时期的特点列于表4-1中。

表4-1 啤酒主发酵各时期及其特点

| 发酵阶段 | 外观现象和要求 |
|---|---|
| 酵母增殖期 | 麦汁添加酵母后 8~16 h,液面形成白色泡沫,继续繁殖至 20 h,发酵液中酵母数量达 $1×10^7$个/mL,可换槽 |

续表 4-1

| 发酵阶段 | 外观现象和要求 |
|---|---|
| 起泡期 | 换槽后 4 ~ 5 h 表面逐渐出现泡沫,经历 1 ~ 2 d,品温上升 0.5 ~ 0.8 ℃/d,降糖 0.3 ~ 0.5 °Be/d |
| 高泡期 | 发酵第三天后,泡沫大量产生,可高达 20 ~ 35 cm。由于蛋白质和酒花树脂氧化析出,使泡沫表面呈棕黄色。此时发酵旺盛,需用冷却水控制温度。此期维持 2 ~ 3 d,降糖 1.5 ~ 2 °Be/d |
| 落泡期 | 发酵 5 d 后,发酵力逐渐减弱,泡沫逐渐变成棕褐色。此期维持 2 d 左右,要控制品温的下降,一般降温 0.5 ℃/d,降糖 0.5 ~ 0.8 °Be/d |
| 泡盖形成期 | 发酵 7 ~ 8 d 后,酵母大部分沉淀,泡沫回缩,表面形成褐色的泡盖,厚 2 ~ 4 cm,此期降糖 0.2 ~ 0.5 °Be/d,降温 0.5 ℃/d |

### (四)啤酒后发酵

主发酵结束后的啤酒尚未成熟,尤其是双乙酰含量还很高,称为嫩啤酒。嫩啤酒必须经过后发酵过程才能饮用。后发酵又称后熟或贮酒。是将主发酵结束后除去大量沉淀酵母的嫩啤酒平缓地送至贮酒罐中,在低温下贮存的过程。其目的是对嫩啤酒中的残糖进行进一步发酵,以达到一定的发酵度;排除氧气,增加酒液里二氧化碳溶解量;促进发酵液成熟,双乙酰还原,以改善口味;使啤酒澄清,稳定性良好。后发酵时应集中进酒和出酒,采用先高后低的贮酒温度和较长的贮酒时间。后发酵一般在 0 ~ 2 ℃ 的密闭容器内进行,利用酵母本身的生理活性去除嫩啤酒中的异味,使啤酒成熟,并使 $CO_2$ 饱和。

## 三、实验试剂、材料和仪器

1. 原料

大麦芽、玉米或者玉米淀粉、酒花、酵母等。

2. 仪器

恒温培养箱,生化培养箱,显微镜,粉碎机,糖化煮沸锅,过滤槽,回旋沉淀槽,发酵罐,制冷机,板式换热器,后酵罐或耐压瓶子,冰箱等。

## 四、实验内容

### (一)啤酒酵母的扩大培养

本次实验拟用 60 L 麦芽汁,按接种量 10% 计算,应制备 6 000 mL 含 $1\times10^8$ 个$_{酵母}$/mL 的菌种。

1. 培养基的制备

取协定法制备的麦芽汁滤液(约 400 mL),加水定容至约 600 mL,用糖锤度计测定其糖度,并补加葡萄糖把糖度调整至 10 °P,取 50 mL 装入 250 mL 三角瓶中,另 550 mL 至 1 000 mL 三角瓶中,包上瓶口布和牛皮纸后,0.05 MPa 灭菌 30 min。

2. 菌种扩大培养

按上面流程进行菌种的扩大培养,注意无菌操作。接种后去掉牛皮纸,但仍应用瓶口布(8 层纱布)封口。

## (二)麦汁的制备

1. 麦芽用量的计算

糖化用水量一般按下式计算:

$$W = A(100 - B)/B$$

式中　　$B$——过滤开始时的麦汁浓度(第一麦汁浓度);

　　　　$A$——100 kg 原料中含有的可溶性物质(浸出物质量百分比);

　　　　$W$——100 kg 原料(麦芽粉)所需的糖化用水量,L。

2. 麦芽粉碎

称取 10 kg 麦芽,用谷物粉碎机粉碎,注意调节粉碎颗粒度,使粗细粉比例控制在 1∶2.5,同时使麦皮破而不碎。必要时可稍稍回潮后再粉碎。

3. 糖化

糖化是利用麦芽中所含的酶,将麦芽和辅助原料中的不溶性高分子物质,逐步分解为可溶性低分子物质的过程。制成的浸出物溶液就是麦汁。

传统的糖化方法主要有两大类。

煮出糖化法:利用酶的生化作用及热的物理作用进行糖化的一种方法。

浸出糖化法:纯粹利用酶的生化作用进行糖化的方法。

本实验采用浸出糖化法。在糖化锅内加入约 50 L 纯净水,开启搅拌机,将粉碎后的麦芽粉缓慢倒入糖化锅内,让麦芽粉分散均匀。然后按下述流程糖化。

35～37 ℃,保温 30 min→50～52 ℃ 60 min→65 ℃ 30 min,碘液反应完全→76～78 ℃送入过滤槽。

4. 麦汁过滤

麦汁过滤即将糖化醪中的浸出物与不溶性麦糟分开,以得到澄清麦汁的过程。由于过滤槽底部是筛板,要借助麦糟形成过滤层来达到过滤的目的,因此前 30 min 的滤出物应返回重滤。头道麦汁滤完后,应用适量 76～78 ℃热水洗糟,得到洗涤麦汁。

麦汁在过滤过程中,由于麦糟层中空隙的堵塞,过滤速度会越来越慢,此时可适当搅动上层麦糟,但必须注意,不能破坏下层麦糟,否则,流出的麦汁会变得浑浊不清。

5. 麦汁煮沸

麦汁煮沸是将过滤后的麦汁加热煮沸以稳定麦汁成分的过程。此过程中可加入酒花(一种被称为蛇麻的植物之花,含苦味和香味成分,每 60 L 麦汁中添加约 80 g)。

煮沸的目的主要是破坏酶的活性,使蛋白质沉淀,浓缩麦汁,浸出酒花成分,降低 pH,蒸出恶味成分,杀死杂菌,形成一些还原物质。

添加酒花的目的主要为赋予啤酒特有的香味和爽快的苦味,增加啤酒的防腐能力,提高啤酒的非生物稳定性。

让过滤后的澄清麦汁流入煮沸锅中,夹套通蒸汽加热至沸腾,分 2～3 次加入酒花,煮沸时间一般维持在 1.5～2 h,蒸发量达 15%～20%(蒸发时尽量开口,煮沸结束时,为了防止空气中的杂菌进入,最好密闭)。

6.回旋沉淀及麦汁预冷却

回旋沉淀槽是一直立的圆柱槽。将煮沸后的麦汁从切线方向泵入槽内,泵入时与槽内液面水平,使麦汁沿槽壁回旋而下,产生回旋效应,一方面通过扩大蒸发面使麦汁预冷却,另一方面凭借离心力使凝固物沉积在槽底,使麦汁中的絮凝物快速沉淀。麦汁泵入回旋沉淀槽后,为了使冷凝物得以沉淀,可用自来水淋洗外壁,使麦汁快速降温。待固液相分离完毕,麦汁由槽底边口流出,进行冷却。沉积在槽底的凝固物尚含80%左右的麦汁,可进一步回收。

7.麦汁冷却

将回旋沉淀后的预冷却麦汁通过薄板冷却器与冰水进行热交换,从而使麦汁冷却到发酵温度的过程。薄板冷却器用许多片带沟纹的不锈钢板制成,两块一组,连接处垫有橡皮垫圈以防渗漏。麦汁和冷却剂通过压力泵输送,以湍流形式运动,循着不锈钢板两面的沟纹逆向流动而进行热交换。各冷却板对可以串联、并联或组合使用。板的角上布有小孔,可让麦汁或冷却剂通过。

8.设备清洗

由于麦汁营养丰富,各项设备及管阀件包括糖化煮沸锅、过滤槽、回旋沉淀槽及板式换热器,使用完毕后,应及时用热碱水和热水清洗。

**(三)啤酒主发酵**

将糖化后冷却至10 ℃左右的麦汁送入发酵罐,接入酵母菌种共约5 L,然后充氧,以利酵母生长,同时使酵母在麦汁中分散均匀,充氧,即通入无菌空气,也可在麦汁冷却后进行,一般温度越低,氧在麦汁中的溶解度越大,待麦汁中的溶解氧饱和后,让酵母进入繁殖期,约20 h后,溶解氧被消耗,逐渐进入主发酵。

由于发酵罐密闭,很难看清发酵的整个过程,建议一个组在1 000 mL玻璃缸(浸动物标本的标本缸)中进行啤酒主发酵小型试验。具体方法如下:

(1)洗标本缸,缸口用8层纱布包扎后,进行高压灭菌。

(2)将糖化得到的麦汁调整到10 °P,灭菌,冷却后摇动充氧,静置沉淀,将上清麦汁(600 mL)以无菌操作方式倒入已灭菌的标本缸中。

(3)将50 mL酵母菌种接入,在10 ℃生化培养箱中发酵,每天观察发酵情况。

(4)主发酵,10 ℃,7 d,至4.0 °P时结束(嫩啤酒)。一般主发酵整个过程分为酵母增殖期、起泡期、高泡期、落泡期和泡盖形成期等五个时期。仔细观察各时期的区别。

主发酵测定项目,接种后取样作第一次测定,以后每过12 h或24 h测1次,直至结束。全部数据叠画在1张方格纸上,纵坐标为各个指标,横坐标为时间。共测定下列几个项目:①总还原糖含量的测定(斐林试剂法);②细胞浓度、出芽率、染色率;③酸度;④α-氨基酸;⑤还原糖;⑥酒精度;⑦pH;⑧色度;⑨浸出物浓度;⑩双乙酰含量等。

**(四)啤酒后发酵**

当发酵罐中的糖度下降至4.0 °P时,开始封罐(把发酵罐上部的通气阀门关闭),并将发酵温度降至2 ℃左右,8~12 d后,罐压升至0.1 MPa,说明已有较多$CO_2$产生并溶入酒中,即可饮用。若要酿制更加可口的啤酒,应适当降低后发酵温度,延长后发酵时间。

如果没有后酵罐,可用下述办法处理:取耐压瓶子,清洗,消毒灭菌;嫩啤酒虹吸灌入,装量约为容积的90%,注意不要进入太多氧气;盖紧盖子,放于 0~2 ℃冰箱中后酵 1~3 个月。后发酵结束后而未经过滤的啤酒就是鲜啤酒了。

## 五、实验结果

(1)画出发酵周期中上述各个指标的变化曲线,并解释它们的变化,记下操作体会与注意点。

(2)对啤酒进行品评,成品图附于实验报告后面。

## 六、注意事项

(1)灭菌后的培养基会有不少沉淀,这不影响酵母的繁殖。若要减少沉淀,可在灭菌前将培养基充分煮沸并过滤。

(2)由于酵母的扩大培养(繁殖)是一个需氧的过程,因此要经常摇动,特别是灭过菌的培养基内几乎没有溶解氧,接种之后应充分摇动。种子培养的后期,为了使酵母适应无氧的发酵过程,摇动次数可减少。

(3)若加热、煮沸过程中将蒸汽直接通入麦汁中,则由于蒸汽的冷凝,麦汁量会增加,因此应用夹套加热的方法。

(4)麦汁煮沸后的各步操作应尽可能无菌,特别是各管道及薄板冷却器应先进行杀菌处理。

(5)除少数特殊的测定项目外,应将发酵液除气,再经过滤后,滤液用于分析。分析工作应尽快完成。

(6)因后酵会产生大量气体,不能选用不耐压的玻璃瓶,以免危险。

(7)不要吸入太多氧气,瓶子上端不要留有太多空气,否则啤酒会带有严重氧化味。

## 七、思考题

(1)菌种扩大过程中为什么要慢慢扩大,培养温度为什么要逐级下降。

(2)是否可以用摇瓶培养来扩大酵母菌种,为什么?

(3)麦芽粉碎程度会对过滤产生怎样的影响?

(4)啤酒发酵为什么要在低温下进行?

(5)酵母凝聚性会对后发酵产生怎样的影响?

# 实验十九　米曲霉固态发酵生产中性蛋白酶

## 一、实验目的

1.通过固态三角瓶培养曲霉,使学生掌握固态培养微生物的原理和技术。

2.复习巩固蛋白酶活性的测定方法。

## 二、实验原理

固态培养微生物是我国传统发酵工业的特色之一,具有悠久的历史。在黄酒、白酒、酱油、酱类等领域广泛应用。

固态培养方法主要有散曲法和块曲法。部分黄酒用曲、红曲及酱油米曲霉培养属散曲法;而黄酒用曲及白酒用曲一般采用块曲法。

固态制曲设备:实验室主要采用三角瓶或茄子瓶培养,种子扩大培养可将蒸熟的物料置于竹匾中,接种后在温度和湿度都有控制的培养室内进行培养;工业上目前主要是厚层通风池制曲,转式圆盘式固态培养装置正在试验推广之中。

固态培养微生物:主要用于霉菌的培养,但细菌和酵母菌也可采用此法。其主要优点是节能,无废水污染。单位体积的生产效率较高。我国广泛使用的厚层通风固态法培养法,空气一般不经过除菌处理,培养环境也无法做到严格无菌。故染菌问题未得到根本解决。

本实验所用的米曲霉的生长特性及菌落特征:米曲霉属曲霉菌。菌落初为白色,黄色,继而变为黄褐色至淡绿褐色,反面无色。

## 三、实验试剂、材料和仪器

1. 菌种

米曲霉菌种(酱油生产用米曲霉)

2. 培养基

(1)试管斜面培养基:豆饼浸出汁——100 g 豆饼粉,加水 500 mL,浸泡 4 h,煮沸 3 ~ 4 h,纱布自然过滤,取液,调整至 5 波美度。每 100 mL 豆汁中加入可溶性淀粉 2 g,磷酸二氢钾 0.1 g,硫酸镁 0.05 g,硫酸铵 0.05 g,琼脂 2 g,自然 pH。

(2)马铃薯培养基:马铃薯 200 g,葡萄糖 20 g,琼脂 15 ~ 20 g,加水至 1 000 mL,自然 pH。

(3)三角瓶培养基制备

1)培养基一:麸皮 80 g,面粉或者小麦粉 20 g,水 80 mL。

2)培养基二:豆粕粉 10 g,麸皮 90 g,水 110 mL。

装料厚度 1 cm 左右;灭菌 120 ℃,30 ~ 60 min。

3. 仪器

恒温培养箱或固态培养室,负压式超净工作台,显微镜,计数器,水浴锅,分光光度计,试管,茄子瓶,平板及 500 mL 三角瓶等。

## 四、实验内容

1. 米曲霉菌种的纯化

单菌落分离,制成斜面,将斜面菌种接入 250 mL 三角瓶培养成种曲,再将种曲扩大培养(500 mL)三角瓶。米曲霉培养物经水溶液萃取,制得粗酶制剂,取粗酶制剂进行蛋白酶活力的测定。

2. 米曲霉的培养

本实验分为斜面种子培养及三角瓶培养两个阶段。三角瓶培养物在工厂常作为一级种子。

### 3. 接种及米曲霉的培养条件

米曲霉固态培养主要控制条件:温度、湿度、装料量、基质水分含量。固态培养前,原料的蒸熟及灭菌是同时进行的。实验室一般是在高压灭菌锅中进行的;但在工厂,则原料的煮熟和灭菌与发酵分别在不同的设备中进行。这点与液态发酵是不同的。28～30 ℃,培养 20 h 后,菌丝应布满培养基,第一次摇瓶,使培养基松散,每隔 8 h 检查一次,并摇瓶。培养时间一般为 48～70 h。

### 4. 发酵过程操作(固态转轴发酵设备)

(1)空气及其净化:来自空压机的压缩空气经净化器(外接减压稳压器、除水、除尘、空气过滤器)进入发酵罐空气总管,空气阀 A01、空气流量计、阀 A02、空气过滤器,阀 A03 到达加湿器内或经电磁阀 C02 进入发酵罐底部分布器,气经阀排出,本管路具有计量、净化作用。注:空气流量显示的流量是以过滤器前的压力下的流量,不是标准状态下的流量。如须测量控制湿度则开 VT11 关 VT1。

(2)蒸汽

1)蒸汽进夹套:蒸汽经阀 S01 进夹套(上进),经阀 V01 排出冷凝水。蒸汽对培养基预热。固体物料传热效率低,可以取消本步操作。

2)蒸汽进反应器:蒸汽经阀 A02、空气过滤器、阀 A03、电磁阀 C02 进入罐内,由排气口空气阀排出。蒸汽对过滤器及空气管线消毒。

(3)自来水:自来水进夹套,当电磁阀打开时,自来水经多功能阀、阀 W01 进入反应器夹套(下进),由夹套上口、电磁阀 C01 排出;当电磁阀关闭时,夹套水经 WO2 进入电热器、循环泵、单相阀进入夹套(下口),通过夹套水的循环,将加热器的热能带入夹套,通过夹套的换热加热发酵液。

特别提示:温度自动控制之前必须对夹套注水。自来水进排气冷凝器:自来水经阀 W03 进入排气冷凝器,对发酵尾气进行冷却尽可能减少培养基的水分蒸发。

(4)冷冻水(选配,消毒后降温应优先采用自来水):冷冻水经切换阀 T02(关 T01)进入自来水管线、经切换阀 T04(关 T03)返回了冷冻水回路。

(5)纯氧管线(选配)

1)纯氧管线:纯氧进入流量计、电磁阀 C03、切断阀 A21 进入空气过滤器。

2)纯氧流量调节:开 C03、A21 后调节流量计的调节手柄。

(6)空气流量检测与控制:空气热质量流量计,与空气玻璃转子流量计并联安装且在热质量流量计前后安装切断阀。热质量流量计内通道必须保持干燥无尘,因此只有在发酵过程中才开质量流量计的前后切断阀 A11、A12,发酵结束后应及时关闭 Al1、A12。

(7)补氨水管线:氨水经电磁阀 C04、切断阀 A31、补料针进入发酵罐,电磁阀由控制器控制。

(8)实罐灭菌操作

1)准备:盖紧罐盖上各种盖帽,旋紧罐盖上压紧螺栓。

2)培养基预热:预先启动蒸汽发生器及空气压缩机,将控制器中的温度控制设定为手动开排气阀 VT1,关闭其他阀门,湿度仪不耐高温和不可水浸,消毒后必须关闭排气旁通阀 VT11。开排气阀 VT1,开夹套冷凝水阀 V01 排夹套水,关闭其他阀门。启动反应器搅拌马达。调转速 20～30 r/min。蒸汽进夹套(固体物料可以取消本操作)缓缓开夹套蒸汽阀 S01 蒸汽夹套(注意:此时有轻微爆炸声属正常,如声音过响,则开阀的速度应减慢)。待排水总口排出蒸汽时调节冷凝水阀 V01,控制蒸汽排出量以有少量蒸汽冒出即可。并控制夹套内压力不超过 0.2 MPa。当培养基预热至 98 ℃时,进入实罐灭菌操作。在培养基温度在 80 ~ 90 ℃时可以适当地减慢升温速度,在本温度的区域内可以杀死大部分的微生物。

3)实罐灭菌:蒸汽进过滤器,微开过滤器,上排冷凝水阀 V02,开过滤器前蒸汽阀 S02,微加湿器底阀排冷凝水阀 V03,缓缓开切断阀 A03,蒸汽经过滤器进入反应器,同时在控制器 F5"空气"子画面中设定控制方式为"手动"并按 F3 输入"﹣100"后按"ENTER",电磁阀 C02 在消毒过程中始终是开着的,以保证空气管线消毒彻底。当冷凝水阀 V02、V03 出口冷凝水很少时,调节冷凝水阀 V02、V03 以有少量蒸汽排出为宜。当排气口有蒸汽排出或罐温达到 100 ℃两分钟后,关闭排气阀 VT1。调节切断阀 A03 和蒸汽阀 S02,维持过滤器前蒸汽压力为 0.12 ~ 0.16 MPa,同时必须保证切断阀有一定开度,不得关死。当达到预定温度或罐压,开排气阀 VT1 至有少量蒸汽排出,关紧或微开夹套蒸汽阀 S01,根据罐压或温度的变化趋势,及时调节蒸汽阀 S02、S03。阀门调节宜微调,应避免大幅度开关。当反应罐罐压或罐温维持在预定的范围内开始计时。保温阶段应旋松接种口盖至有少量蒸汽冒出。移种管线消毒(适用于多级发酵),在保温过程中开移种管线阀 P03 及受种阀前排水阀 V04,保温结束前关闭 V03。灭菌完成及降温(先开后关,后开先关)。保温结束首先旋紧接种口盖。关紧冷凝水阀 V03,关紧过滤器前蒸汽阀,全开空气阀 A01、A02,用空气吹过滤器,当过滤器冷凝水阀 V02 排尽冷凝水后就可以关闭。关夹套蒸汽阀 S01、冷凝水阀 V01,开夹套进水阀 W01 和循环管线切断阀 W02。在控制器中将温度控制方式设定为"自动"并对温度进行设定,发酵罐进行自动降温。按下搅拌开关,设定搅拌转速并"自动"控制。在降温过程中,始终监视罐压,严禁压力掉零。当温度达到工艺要求时,调节搅拌转速、空气流量、罐压、标定溶氧电极斜率及校正 pH 电极的零点。注意:如另配冷冻水系统消毒后降温请选用自来水降温(控制箱左侧板 N2 开关拨向"W";消毒过程中不得开湿度仪前切断阀 VT11。湿度仪最好使用温度为 80 ℃。

(9)发酵操作

1)接种:摇瓶倒种,调节进气量至 0.2 [V/(V·min)],开排气阀 VT1 至罐压接近零(不得大于 0.02 MPa),预先旋松接种口,在接种口处放好火焰圈并点燃(在火焰圈中放置少量的棉花可以助燃提高火焰的高度),打开接种口,倒入种子,然后旋紧接种盖,立即调高罐压。

2)发酵初始化:在控制器的发酵罐状态画面输入"发酵批号",再按"就绪"或"开始"并"确认",发酵数据才能自动保存。设定发酵过程参数及适宜的控制模式。

3)湿度控制:关阀 A03,将经灭菌消毒的补水瓶及输液管放置底座上,用硅胶管将补水瓶上的呼吸过滤器与空气精过滤器阀 V02 连通。

旋下加湿器补料口上闷头,用酒精棉球对补料口内橡胶塞外表面消毒,然后将针头插入并穿透密封盖,并用补料针上的螺母锁紧。

开输液管上的弹簧夹,缓缓开阀 V02,将无菌水压入加湿器内。关阀 V02,拔出针头,盖紧补料口上闷头。

4)湿度控制:在控制器空气子画面上设定:F1,空气50～100(说明:这里的"空气"实际上是"湿度",单位 L/min 应为%),F2,控制方式为"自动"。开阀 A03。当湿度低于设定值时电磁阀自动关闭,空气进入加湿器。当湿度高于设定值时,电磁阀自动打开,大量空气经过电磁阀直接进入发酵罐。开排气阀 VT11,关 VT01。

5)取样:取样器,开罐盖 N9 口上闷头,将取样管垂直于管盖插入罐内(建议取样时关闭搅拌),抽出取样管,盖紧上闷头。发酵开始前设定发酵参数,通过开罐盖放料。

6)发酵结束:发酵结束必须在控制器的发酵罐状态画面按"正在发酵"并"确认",如果需要发酵数据归档请按"可以归档"并确认。发酵数据将自动整理并保存。发酵结束后应关紧。搅拌正反转设定:在时间比例控制器拨动数字盘设定正转时间、反转时间,拨动数字盘上端的时间单位,M—分钟,S—秒。设定完成后开时间比例控制器右侧的控制开关(向右开,向左关),任何一次设定后必须重新开关"控制开关"。

## 五、实验结果

(1)米曲霉孢子计数(显微镜观察)通常每克曲(干基)孢子数可达 100 亿以上。

(2)计算米曲霉产生的蛋白酶活力

米曲霉蛋白酶活力的测定方法简介:

1)称取充分研细的成曲 5 g,加入 100 mL 水,40 ℃水浴间断搅拌 1 h,过滤,滤液用适当的缓冲液稀释一定的倍数。

2)样品的测定:取试管 3 支,编号,每管加入样品稀释液 1 mL,40 ℃水浴中预热 2 min,再加入同样预热的酪蛋白 1 mL,精确保温 10 min,立即加入 0.4 mol/L 的三氯乙酸 2 mL,以终止反应,继续保温 20 min,使残余蛋白质沉淀后离心或过滤。然后另取 3 支试管,编号,每管内加入滤液 1 mL,再加 0.4 mol/L 的碳酸钠 5 mL,已稀释的福林试剂 1 mL,摇匀,40 ℃,保温发色 20 min,用分光光度计测定 OD 值(波长 660 nm)。

3)计算:在 40 ℃下,每分钟水解酪蛋白产生 1 μg 酪氨酸,定义为一个酶活力单位。

$$样品蛋白酶活力单位(干基) = A \times 4 \times N / 10$$

式中　$A$——由样品测定 OD 值,查标准曲线得相当的酪氨酸微克数;

　　　$N$——稀释倍数;

　　　10——反应 10 min。

(3)两种培养基米曲霉培养过程中蛋白酶活性变化规律。

## 六、注意事项

(1)在第一次操作本设备之前请仔细阅读本操作说明书。

(2)设备必须可靠接地。

(3)湿度仪最高使用温度不大于 80 ℃,防水浸。

(4)发酵开始前准备工作(设定为发酵条件,进行 DO 电极斜率标定、pH 电极零点标定)。

(5)发酵结束数据存盘。

(6)关闭总电源前,请将控制器返回主菜单,然后按 Ctrl+F6 关闭控制程序,然后关电源。

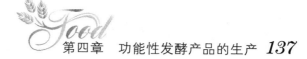

（7）设备运行结束，勿忘关闭自来水阀、空气源、蒸汽发生器。

（8）开始控温前，必须先打开注水开关，直至排水口无气泡为止。

（9）最高工作压力不大于 0.20 MPa，进罐空气压力应不大于 0.20 MPa；最高消毒温度 126 ℃。

（10）公用工程要求：蒸汽，0.2 ~ 0.4 MPa；水源，0.1 ~ 0.3 MPa。

## 七、思考题

（1）米曲霉发酵产生蛋白酶的原理是什么？

（2）如何测定米曲霉培养过程中蛋白酶活性，蛋白酶活性变化说明了什么？

# 参考文献

[1]陈长华.发酵工程实验[M].北京:高等教育出版社,2009.

[2]诸葛斌.现代发酵微生物实验技术[M].2版.北京:化学工业出版社,2011.

[3]陈坚.发酵工程实验技术[M].3版.北京:化学工业出版社,2013.

[4]张祥胜.发酵工程实验简明教程[M].南京:南京大学出版社,2014.

[5]姜伟,曹云鹤.发酵工程实验教程[M].北京:科学出版社,2014.

[6]邱立友.发酵工程与设备实验[M].北京:中国农业出版社,2009.

[7]高文庚,郭延成.发酵食品工艺实验与检验技术[M].北京:中国林业出版社,2017.

[8]李江华.发酵工程实验[M].北京:高等教育出版社,2011.

[9]邓开野.发酵工程实验[M].广州:暨南大学出版社,2010.

[10]吴根福.发酵工程实验指导[M].2版.北京:高等教育出版社,2013.

[11]刘金锋.发酵工程与设备实验实训[M].北京:化学工业出版社,2018.

[12]陈宜涛.发酵工程实验[M].浙江:浙江大学出版社,2018.

[13]李加友.生物工程专业实验指导[M].北京:化学工业出版社,2019.

[14]杨慧林.发酵工艺学实验[M].北京:科学出版社,2018.

[15]陈长华.发酵工程实验[M].2版.北京:高等教育出版社,2017.

[16]王祎玲,段江燕.生物工程实验指导[M].北京:科学出版社,2018.